# 竞争与合作网络

## 理论、算法与应用

金　龙　张银炎　著

科学出版社
北　京

## 内 容 简 介

本书以赢者通吃网络和马太效应为研究对象，从优化视角构建、分析和设计网络模型，并建模计算社会系统中的马太效应，同时探讨时延和网络切换等条件下的模型。本书提供关于神经动力学算法，详细介绍分布式协同建模的赢者通吃网络，并给出该类方法在解决相关领域科学和工程问题中的应用，可以辅助读者更深入地理解基于竞争与合作网络问题的解决思路。本书的特色是探究竞争与合作网络相关的理论、算法与应用，并通过开发一系列神经动力学模型进行分析。

本书可作为高等院校信息类相关专业高年级本科生、研究生的教材，也可作为从事相关研究从业人员的参考书。

**图书在版编目（CIP）数据**

竞争与合作网络：理论、算法与应用/金龙，张银炎著. —北京：科学出版社，2024.3

ISBN 978-7-03-078085-0

Ⅰ. ①竞…　Ⅱ. ①金…　②张…　Ⅲ. ①人工智能-算法-研究　Ⅳ. ①TP18

中国国家版本馆 CIP 数据核字（2024）第 042798 号

责任编辑：杨　昕　徐仕达 / 责任校对：王万红
责任印制：吕春珉 / 封面设计：东方人华平面设计部

科学出版社 出版
北京东黄城根北街 16 号
邮政编码：100717
http://www.sciencep.com

北京中科印刷有限公司 印刷
科学出版社发行　各地新华书店经销

*

2024 年 3 月第　一　版　开本：B5（720×1000）
2024 年 3 月第一次印刷　印张：9
字数：179 000

**定价：128.00 元**

（如有印装质量问题，我社负责调换〈中科〉）
销售部电话 010-62136230　编辑部电话 010-62138978-2032

# 前　言

本书主要介绍著者多年来从事多智能体系统及智能计算交叉研究的最新进展，旨在为竞争与合作网络领域的研究提供高效的求解算法和方案。赢者通吃网络是竞争与合作网络的典型代表。本书从优化视角构建和梯度下降角度展开讨论，探讨并计算社会系统中的马太效应，分析在时延和网络切换条件下的相关模型。本书探讨的内容对相关领域的研究者开展研究具有一定的参考价值。

本书以著者多年来在基于智能计算及多智能体系统相关领域的研究成果为线索，介绍其相应的算法与实现，对竞争与合作网络问题进行递进式的阐述。本书中的绝大部分内容已在国际会议或 SCI 期刊上发表，确保本书内容的严谨性。本书结构清晰合理，先概述已有方法，再提出新方法，并将其应用到动态环境等研究中，同时进行仿真实验。本书按照先易后难的原则进行组织，符合大多数读者的学习习惯，方便读者掌握书中所论述的内容。

值得指出的是，本书是以著者多年的研究进展为线索撰写的，读者在阅读本书的过程中可以感受著者研究过程中的思维方式，这有助于启发处于起步阶段的研究人员，帮助他们在科研项目开展过程中找到对课题进行推进与拓展的方法，也能帮助他们在相关领域的研究中取得更好的研究成果。换言之，本书对于高等院校计算机、自动化和电子信息工程等相关专业高年级本科及以上的科研人员而言，可读性较高。此外，书中对于相关模型的理论分析也为有意愿从事相关领域的研究人员对相关问题的理论分析提供可行思路。

本书由金龙与张银炎著写。感谢梁思琪、张国谦、李隋冰、张小妍、任永杰、李禹佟、陈秀芳、张金元、陈颖琪、蔡海凤、罗文弟检查与校样。

本书的出版得到了人工智能与数字经济广东省实验室（广州）青年学者项目（编号：PZL2021KF0022）、国家自然科学基金（项目批准号：62176109，62206109）、甘肃省杰出青年基金（项目编号：21JR7RA531），以及中央高校基本科研业务费专项资金（项目编号：lzujbky-2023-ey07）的资助。

由于著者水平有限，书中难免存在不足之处，恳请广大读者批评指正。

# 目　录

# 第1章 绪　论

竞争与合作，作为群体保持活力的两个重要方面，在生物与社会等多个领域已被证实具有同等的重要性。不同于目前较为热门的基于合作协同行为的群体系统研究，同时考虑竞争与合作关系的群体系统研究还鲜有人开展。探究竞争与合作网络，对于满足真实环境中开放式大规模群体系统协作的需求有着积极意义。

## 1.1 竞争与合作网络背景

本节将从竞争与合作机制对群体系统的重要性、构建基于此机制的智能群体的迫切性、将之与现存递归神经网络相结合的可能性这三个层面分别介绍竞争与合作网络的背景知识。

1. 竞争–合作机制在自然界的群体系统中占据重要地位

基于竞争–合作的分布式协同在本质上而言是对生物种群内部行为机制的模仿，因而能够有效继承生物种群的扩展性与可靠性。受到“赢者通吃（winner-take-all，WTA）”这一典型竞争行为的启发，通过创新性地设计具体的行为模式，能够最大化地发挥智能群体系统的性能优势，有效突破现有群体系统协同行为建模方法的局限性。

赢者通吃一词最初源于美国大选制度，反映了绝大多数州将本州的选举人票全部给予在该州获得相对多数普选票的总统候选人的现象。$k$-WTA 作为 WTA 的扩展与泛化，描述了群体系统中共计 $n$ 个参与者通过竞选出 $k$ 个赢家进而执行任务的现象。现实中，基于 $k$-WTA 的竞争–合作现象普遍存在，从自然界（物竞天择、合作共生）到人类社会（优胜劣汰、和衷共济）再细化到经济领域（去粗取精、合作共赢）均有重要体现，其本质是利用群体内部的竞争实现资源的最优分配。例如，金丝猴会为争夺食物资源产生种群内部竞争，竞争的结果将直接影响群体内部合作各方对食物资源的分配。特别地，对于获胜个体而言，为保持对优质食物资源的占有，它们会形成一种联盟。这种合作为它们传承优势基因、保障高等级个体的繁殖成功率奠定了基础。在竞争激烈的互联网生态圈中，国内的网络流量基本集中在微信、微博、支付宝等领先应用中。众多小程序（app）的出现加速形成了一个以上述 app 为中心的生态体系，在吸引众多用户的同时，聚集大量优秀开发者在以上平台展开合作，从而进一步引导了互联网领域的发展风向。

由此可见，无论是在自然界、人文社会还是经济领域，任何一种有效的群集活动都可能含有竞争–合作机制的运作，使得整个系统外在表现出一种协同行为[1]。$k$-WTA 作为一种描述群体系统协同行为的重要体现形式，在保持种群活力、对抗入侵者、优化系统结构等方面有着至关重要的作用。另外，值得强调的是，竞争后的合作行为为智能群体系统提供了一个以低平均成本执行任务的有效途径。例如，当某只蚂蚁找到食物（可被视为在寻找食物方面竞争的赢家）而无法独自搬运回去时，它会很快返回蚁巢，并纠集沿途最近的同伴来共同搬运食物。美国管理学教授、组织行为学权威斯蒂芬 • P. 罗宾斯（Stephen P.Robbins）首次提出了“团队”的概念：为了实现某一目标而由相互协作的个体所组成的正式群体，该理念一经问世就备受推崇。需要特别指出，合作与竞争是群体系统内协同行为的两项重要内容，它们通过指导个体间相互合作、竞争和自组织，使其在集体层面上呈现出有序的协同行为。因而，从宏观角度分析，只有基于竞争–合作机制的协同才能真正推动一个行业或者领域的发展与进步。图 1.1 给出了群体系统关于竞争–合作机制的一个示例性说明，值得指出的是，$k=1$ 或 $k=n$ 仅是 $k$-WTA 研究中的一个特例。

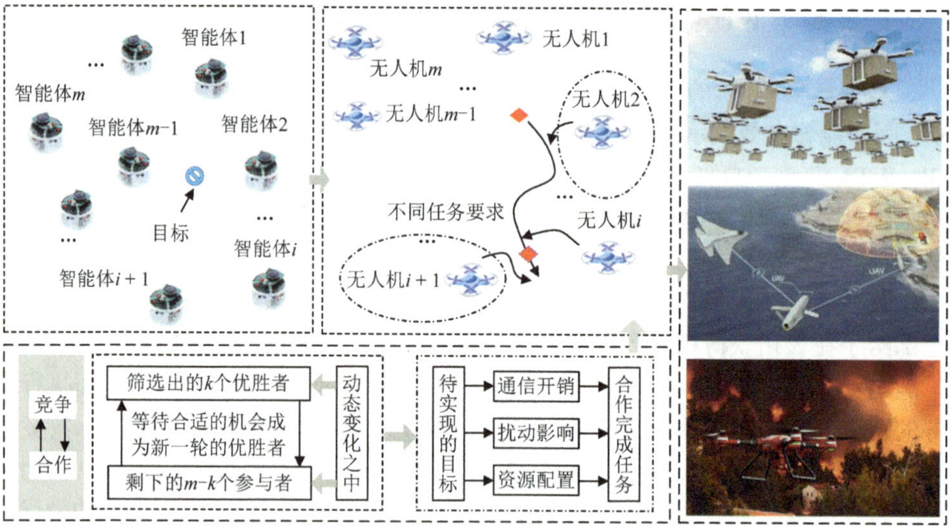


图 1.1　群体系统竞争–合作机制

2. 人工智能群体系统急需构建基于竞争–合作的协同机制

人工构建的群体系统是由许多结构简单、能力有限的智能个体按照一定的关系相互联系组合而成的结构相对复杂、功能强大的群体系统，如无人驾驶飞机编队系统、多智能体群集系统、分布式传感器网络、人造卫星群位姿调整系统，以及交通拥塞控制系统等。随着全球范围内“工业4.0”产业的改造与升级，这类由人工构建的智能群体系统在军用、民用等多个领域扮演着重要的角色。与自然群体系统中存在的大量以竞争-合作手段来提升群体适应能力的机制不同，现阶段基于人工智能群体系统的研究多是开发探索其合作协同能力，而忽视了竞争与合作的共同作用。例如，电子商务中采用协同过滤推荐算法预测用户兴趣点[2]；分拣机器人通过群体间合作实现快递包裹的分拣[3]；无人机蜂群系统通过多机编队完成渗透侦查、诱骗干扰、集群攻击等一系列协同作战任务[4]；智能坦克编队根据敌情采取最优策略，变换相应的队形等。单纯基于合作的协同通常会带来资源的浪费、系统的冗余以及成本开销的增长等问题，且难以全面准确地建模与反映各种社会现象与运行机理。例如，在多目标分布式追踪任务中，个体间首先需要根据自身占有的资源及能力条件通过相互比较（即竞争）来确定哪些个体执行追踪任务，进而这些获得竞争优势（即获胜）的个体依据任务目标来合作执行任务，因此并不需要整个系统的联合出动。此外，已有的文献[5]也证实竞争-合作机制在市场经济的决策中起着至关重要的作用。在神经科学研究中发现，控制行为依赖认知控制期间大脑系统竞争与合作模式的短暂变化[6-7]。以美国国会参议院为例，每隔两年会有约三分之一的参议院席位进行改选。此时，对应的州将从本州代表不同党派的候选人中通过激烈的竞争选举出相应的议员。当处在重大决策关头时，他们的意见会达成一致。例如，日本偷袭珍珠港后，国会议员不分党派一起（合作）高票通过相关的决议以确保国家利益优先。这类基于竞争-合作行为的研究在由人工构建的智能群体系统中并未得到足够重视，也鲜有成熟的研究成果。因此，构建基于竞争-合作机制的协同模式，能够使其在保证群体活力的同时，达成合理配置资源、节约成本、提高效率等目标，具有重要的理论意义和广阔的应用前景。

### 3. 递归神经网络为智能群体系统构建高效的协同模型/算法开辟新思路

神经网络因其优越的性能被用于高效求解各类复杂问题，如模式分类[8]、图像处理[9]、模糊系统控制[10]、智能机器人运动规划[11]等。递归神经网络是由若干非线性神经元构成的具有反馈的全连接型人工神经网络。其作为一种软件和硬件可实现的方法，吸引了众多科研工作者的研究兴趣，并在联想记忆、模式识别、移动机器人障碍物实时躲避、多智能体的实时协同控制、故障诊断等领域得到广泛应用。在现实中，智能群体的各参与者状态与资源占有量往往是动态变化的，即该类问题的本质是时变问题。然而，目前已有相关文献[12]和文献[13]报道的一些方法用于求解时变问题时会产生滞后误差。此外，在群体系统的协同过程中，不可避免地存在各种外部环境干扰，如实时计算中的截断误差与舍入误差等。这些有偏差的处理与外部刺激可被视为噪声与扰动，对递归神经网络等求解器的性能有着显著影响，甚至可能导致求解任务的失败。总而言之，为确保智能群体系统在实时求解过程中能够取得良好的抗噪效果并达到较高的计算精度，有必要考虑各类噪声对整个系统的影响。因此，亟须构建一种可快速求解带噪时变问题的鲁棒递归网络模型，这对于群体系统实现受扰动或噪声影响下的实时运动规划有着重要的现实意义。

## 1.2 国内外研究现状

迄今为止，系统噪声处理以及资源与任务的高效分配仍是智能群体系统研究的目标。值得指出的是，群体系统协同的物理基础是通信，智能个体借助信息共享的方式促成系统的协同。鉴于此，一种分布式协作的方式被催生出来，其中各智能体只与其相邻节点在通信拓扑上建立连接，从而大幅降低了通信负载。目前，尽管针对群体系统合作协同的研究已取得不错的进展，但是对基于竞争-合作协同的研究还较为薄弱。考虑竞争-合作在群体系统交互中的重要意义，设计一些启发式模型来模拟以上机制。其中，对$k$-WTA 网络模型的描述如下：在一组多参与者的竞争中，初始占有最大信息量（最优资源）的参与者最终保持激活状态（视为“赢者”），其余参与者处于失活状态（视为“输者”）[14-16]。该模型对于实现智能群体的竞争-合作协同具有重要的指导意义。此外，博弈论作为指导群体内个体针对相关方策略而制定应对策略的理论，几乎可普遍应用于人类、动物和计算机世界。同样地，人工构建的智能群体系统的演化动力学也可根据博弈论进行合理解释。因此，基于博弈论的竞争-合作研究是实现群体系统混合协同控制的一个新思路。值得强调的是，竞争-合作机制为群体系统以尽可能少的资源完成任务提供了有利条件，但该类研究正是目前智能群体系统中所匮乏的。后文主要针对其在国内外的研究现状与存在的问题展开介绍。

### 1.2.1 基于赢者通吃的协同机制研究现状

面向$k$-WTA 行为模拟的数学模型存在各类不同形式。Hernández-García 等[17]采用 N-类 Lotka Volterra 模型来模拟$k$-WTA 动力学，该模型可以通过调节参数获得任意形式的渐近收敛性能。对于参数选择合适的情况，该模型能够在群体中参与者个数足够大的条件下近似地识别出赢家。Tymoshchuk 和 Wunsch[18]设计了一个具有分段常数的连续时间$k$-WTA 网络模型，整个模型被表示为微分方程的形式。由于该模型处理输入信号的速度可通过触发步进时间信号的频率确定，受益于目前触发该信号的发生器的高工作频率，可有效保障对输入信号的处理速度。此外，美国纽约大学的 Wang[19]将一类$k$-WTA 算法归纳为一种依赖于慢周期性突触兴奋与快速反馈抑制平衡的统一机制，并从认知科学的角度对其进行了解释。$k$-WTA 问题求解的另一种常用方案基于优化的思想进行设计。首先将$k$-WTA 建模为一个优化问题，然后利用梯度下降法或其他改进方法得到该问题的非线性动力学方程的数值解。在 Xu 等[20]的研究中，它被表示为一个组合优化问题，并在原始空间中通过梯度下降法求解。当存在线性不等式和等式约束时，该问题可以被表示为二次规划，并利用卡罗需-库恩-塔克（Karush-Kuhn-Tucker，KKT）条件在对偶空间进行求解[21-23]。在此基础上，研究人员逐渐推导出多种不同复杂度的连续时间 $k$-WTA 递归神经网络模型。尤其是在香港中文大学 Wang[24]的研究中，所提出的 $k$-WTA 网络模型具有有限时间收敛性能，且模型仅存在单个变量，进一步简化了 $k$-WTA 网络模型的实现。美国亚利桑那州立大学的 Feng 等[25]设计了一种具有鲁棒性的 $k$-WTA 网络模型，并在输入噪声存在的情况下给出了模型的稳定性分析。除了连续型模型以外，一些相应的离散型模型也相继被构建[26]。然而，现有工作中所构建的 $k$-WTA 网络模型在实现群体间信息交换与控制时大都依赖全局通信，很少考虑通信拓扑约束，这严重制约了群体系统的可扩展性与鲁棒性。

### 1.2.2 基于一致性滤波器的分布式竞争-合作研究现状

在过去的 20 多年中，关于群体系统分布式控制的研究取得了许多成果[27-30]。文献[31]讨论了具有固定或交换拓扑代理网络的一致性问题。近年来，$k$-WTA 网络模型常被应用于机器人的分布式动态任务分配[32-33]，且这些模型大多使用低通平均一致滤波器来估计 $k$-WTA 网络模型中的全局信息。文献[32]研究了一种用于多轮式机器人运动生成与策略规划的分布式 $k$-WTA 网络模型，其中所有机器人被描述为一个二阶系统。这是首个基于竞争的多机器人分布式动态任务分配协同研究。然而，该研究并未充分考虑机器人的运动学与动力学性质，因此难以将其直接应用至其他冗余度机器人上。这一局限在后继的工作中得以突破[33]。文献[34]研究了基于一致性滤波器设计的分布式 $k$-WTA 网络模型，并证明了该系统具有全局收敛性。值得强调的是，现有的分布式 $k$-WTA 方案均不具备抗噪能力，且不能及时地对设备误差或外部环境干扰等因素进行抑制或消除，使模型的稳定性与鲁棒性难以得到保证。此外，现有的分布式 $k$-WTA 网络模型多采用连续时间形式建模，无法直接应用于数值设备，从而在很大程度上限制了分布式 $k$-WTA 的应用。

### 1.2.3 多参与者约束博弈的群体系统协同研究现状

博弈论分析了多个个体或团队在有限条件制约下利用对方策略来变换自身策略的现象，是研究资源最优分配的理论和方法。例如，对于一个人工构建的群体系统而言，博弈论自然地将对各参与者的行为决策描述为一种策略博弈，通过将各参与者的对手限制在其通信拓扑邻域内，实现了整个群体系统的分布式通信[35-36]。值得指出的是，每个参与者的决策都同其通信拓扑邻域内各邻居的决策息息相关。

因此，任何一个参与者无法随意更改自身的策略/状态以实现自身效益的最大化，从而为群体系统的协同一致提供了条件。文献[37]将多机器人的一致性协同问题表述为一个约束对策，充分考虑了每个机器人的通信限制、能量消耗、输入饱和等因素，最终得到了博弈的纳什均衡隐式形式。另外，研究人员设计了一种基于递归神经网络的分布式动态控制器，使系统能够趋向于所期望的纳什均衡。在此基础上，文献[38]提出了一种改进的多冗余度机器人可操作性分布式方案以避免运动规划和控制中的奇异性出现。该工作从博弈论的角度出发，将多机器人一致性协同运动规划问题建模为纳什均衡，并在此基础上构造出一个递归神经网络，用于寻找和逼近具有时变参数的纳什均衡问题的最优策略。美国中佛罗里达大学的 Rakshit 和 Guha[39]将局域网建模为分布式系统，利用博弈论实现公平的带宽共享。此外，博弈论的思想还被应用于社会学领域的研究，如各个地区如何通过集体学习税收和支出的水平实现经济最优化增长[40]或人类群体决策[41]等。然而，当前基于博弈论的研究大多是考虑群体系统内部经过博弈来实现合作的协同，忽视了其在竞争–合作机制中的设计思路与理论价值。基于此，著者计划进一步推动基于多参与者约束博弈的竞争–合作网络的构建，在对博弈论应用以及 $k$-WTA 协同方面的研究的基础上，强化竞争–合作机制对群体系统效率的提升作用，扩大群体系统研究成果的智能化应用。

### 1.2.4 基于竞争–合作的研究应用现状

在足球机器人比赛中，场上环境通常是复杂且多变的，因而需要机器人能够依据场上情况快速生成应对策略，如多机器人抢球、单机器人控球等。廖列法等[42]构建了一种用于多机器人竞争问题的 $k$-WTA 网络模型，并提出了一种人工势场路径规划法来完成避障；Zheng 和 Shao[43]提出了一种基于 $k$-WTA 目标跟踪的框架，通过整合多个跟踪器的互补能力，拓展了模型的多样性，最终实现了对动态目标物的高效识别与跟踪。此外，$k$-WTA 原理也被应用于立体视图重建与图像分割等领域。例如，埃及艾因夏姆斯大学的 Osman 和 Blostein[44]提出了一种用于图像分割的 $k$-WTA 神经聚类算法，应用于对海洋表面机载雷达图像的处理中，从而检测船舶特征。结果表明，$k$-WTA 神经聚类算法具有较高的分割质量，明显优于均值法、最大似然法、反向传播网络法等分割技术。然而，现有的工作鲜有对智能群体系统竞争–合作机制的详细探讨，只停留在对各参与者动态竞争关系的简单定性说明上。此外，现有大量关于 $k$-WTA 的研究只着眼于完成 $k$-WTA 建模以及电路实现，如一种低压时域全数字 $k$-WTA 电路设计[45]、基于 $k$-WTA 的微电网储能系统协调[46]等，并未充分利用其潜在的应用价值。总而言之，目前面向 $k$-WTA 的研究并未真正考虑其在群体系统内部分布式竞争–合作协同上的意义和作用，且在理论层面上也很少有完整且成熟的算法以保证求解模型的鲁棒性及精确性，这极大地限制了该理论在群体系统中的发展。因此，亟须强化$k$-WTA 机制在群体系统中的研究，以此来推动人工智能群体系统的发展与进步。

综上所述，在基于群体系统的社会、国防和工业应用中，考虑其合作行为的同时要强调其内含的竞争-合作机制，而不应使当前较为薄弱的竞争-合作型协同理论研究与技术水平掣肘群体系统的广泛应用。此外，国内外研究人员针对群体系统协同作业和神经网络算法设计进行了大量探索，这为研究的顺利开展提供了有益的借鉴经验。

## 1.3 复杂网络中的信息传输

随着现代复杂网络理论的发展与进步，人们对于计算社会系统中社交网络的了解越来越清晰。本节介绍复杂网络中的通信理论基础，通过无向图构建社交网络，并使用邻接矩阵表示通信拓扑。此外，本节还详细描述三种经典的复杂社交网络演化模型：随机网络、无标度网络和小世界网络，以便为后续构建更加合理完善的模型做铺垫。

### 1.3.1 社交网络的计算机表示

图及其代数表示作为系统建模与分析的重要手段，可用于模拟社交网络中个体之间的通信状况。关于复杂社交网络的研究可以追溯到 20 世纪 60 年代，那时对于复杂网络的研究主要集中于随机网络，最典型的例子是由保尔·厄多斯（Paul Erdős）和阿尔弗烈德·瑞利（Alfréd Rényi）所提出的 Erdős-Rényi（ER）随机网络，该网络保证了具有固定边数的所有图均具有同等的出现概率。直到 20 世纪 90 年代，圣母大学的艾伯特-拉斯洛·巴拉巴西（Albert-László Barabási）在开展描绘万维网的研究时，发现其度分布并不具有特定的平均值。由此，他们提出了一种大多数“普通”节点拥有数量较少的连接，而少数“热门”节点拥有较多连接的复杂网络模型，用于解释复杂网络的“无标度”特性，被称作 Barabási-Albert（BA）无标度网络。同一时间段，康奈尔大学的邓肯·瓦茨（Duncan J. Watts）和史蒂芬·斯托加茨（Steven Strogatz）在 Nature 杂志上发表文章，提出 Watts-Strogatz（WS）小世界网络模型，描述了一种在具有较短平均路径长度的同时具有较高聚类系数的网络。为了建立计算社会系统中的社交网络模型，后续将研究社交网络在计算机中的表示法，并构建其通信拓扑。

### 1.3.2 图论

在计算机中，构建社交网络的常用表示形式是图，即将社交网络表示为由三元组构成的图 $G=(V,E,A)$。具体而言，$V=\{v_1,v_2,\cdots,v_n\}$ 是一个表示节点集的非空集合，其中，每个元素表示一个社会个体；$E \subseteq V \times V$ 是由 $V$ 中的元素组成的无序二元组集合，称为边集，表示社会个体之间的交互情况；$\boldsymbol{A}=[a_{ij}]_{n\times n}$ 表示邻接矩阵。如果节点 $v_j$ 和 $v_i$ 之间存在边，即 $(v_j,v_i)\in E$ 时，则第 $j$ 个元素被称作第 $i$ 个元素的邻居。第 $i$ 个元素的邻居集合被定义为矩阵 $\boldsymbol{N}(i)$，其中存放着第 $i$ 个元素的所有邻居。特别地，如果图 $G$ 的任意两个节点之间存在一条路径，则称图 $G$ 为连通图。

1. 无向图与有向图

根据图中的边是否存在方向，可以将图分为无向图和有向图。边不存在方向的图称作无向图，存在边的两个顶点所代表的社会个体之间可以进行双向通信。在无向图所表示的社交网络中，不存在单向通信的状况。图 1.2 所示为一个由无向图表示的社交网络，如果个体 $i$ 与个体 $j$ 之间存在连接，则表示二者可以进行双向信息传输。

边存在方向的图称为有向图，存在边的两个顶点所代表的社会个体之间可以根据边的方向进行单向通信。图 1.3 所示为一个有向图表示的社交网络，如果个体 $i$ 到个体 $j$ 存在有向连接，则个体 $i$ 可以向个体 $j$ 传输信息，如 $A$ 可以向 $B$ 传输信息，但 $B$ 不能向 $A$ 传输信息。需要特别指出的是，在表示社交网络时，定义图中不存在自环。

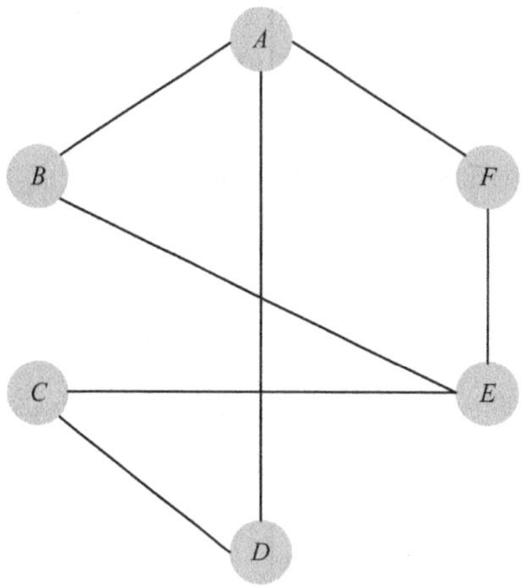

图 1.2　无向图

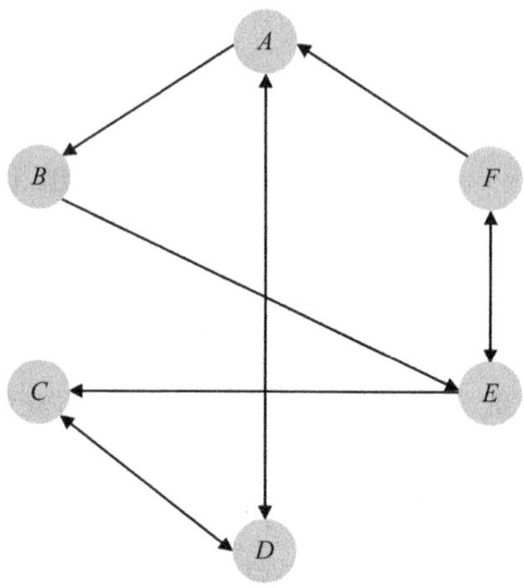

图 1.3　有向图

2. 加权图与无权图

将图中的每条边都与一个实数相对应，并称其为该边的权重（或权值），便可得到加权图。图的权重矩阵 $\boldsymbol{W}=[w_{ij}]_{n\times n}$，如果图中的节点 $i$ 和节点 $j$ 之间不存在边，那么 $w_{ij}=0$。相应地，图 1.2 和图 1.3 的边没有对应的权值，二者均为无权图，其中，图 1.2 为无向无权图，图 1.3 为有向无权图。当使用有权图表示社交网络时，定义边的权值大小代表信息传输的速度。图 1.4（a）所示为一个加权无向图，当个体 $i$ 与个体 $j$ 之间进行通信时，双向信息传输的速度相同，如 $A$ 至 $B$ 的传输速度与 $B$ 至 $A$ 的传输速度均为边 $AB$ 的权值 2；图 1.4（b）所示为一个加权有向图，个体 $i$ 向个体 $j$ 传输信息的速度与个体 $j$ 向个体 $i$ 传输信息的速度不一定相同，如 $A$ 至 $D$ 的传输速度为边 $AD$ 的权值 7，$D$ 至 $A$ 的传输速度为边 $DA$ 的权值 6。

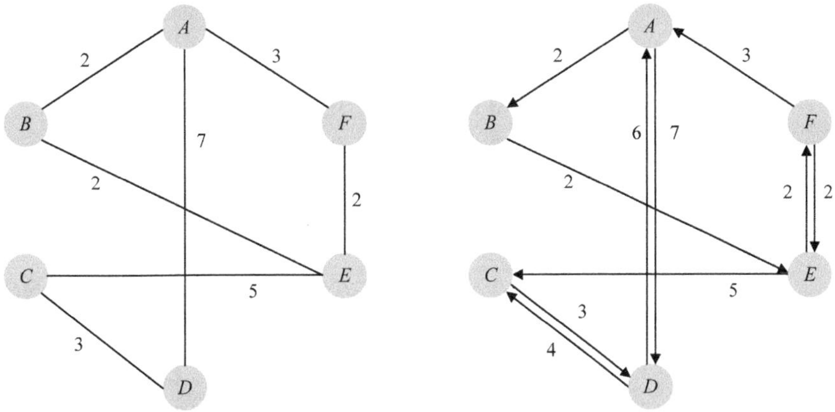


（a）加权无向图　　（b）加权有向图

图 1.4　加权图

### 1.3.3　邻接矩阵

图的常用表示法为邻接矩阵和邻接表。邻接矩阵 $\boldsymbol{A}=[a_{ij}]_{n\times n}$ 是一个 $n$ 阶方阵，第 $i$ 行第 $j$ 列的元素为 $a_{ij}$，直观地表示第 $i$ 个社会个体与第 $j$ 个社会个体之间的交互情况。由于无向图中的邻居是相互的，因此 $a_{ij}=a_{ji}$，即无向图的邻接矩阵是一个对称矩阵。此外，表示社交网络的图不存在自环，那么其邻接矩阵的对角元素均为 0。

对于无权图而言，邻接矩阵中的非负邻接元素的定义如下：

$$a_{ij}=\begin{cases}1,\ j\text{ 是}i\text{ 的邻居，即}j\in \boldsymbol{N}(i)\\0,\ j\text{ 不是}i\text{ 的邻居，即}j\notin \boldsymbol{N}(i)\end{cases}$$

例如，图 1.2 的邻接矩阵可表示为

$$\boldsymbol{A}=\begin{bmatrix}0&1&0&1&0&1\\1&0&0&0&1&0\\0&0&0&1&1&0\\1&0&1&0&0&0\\0&1&1&0&0&1\\1&0&0&0&1&0\end{bmatrix}$$

对于加权图而言，邻接矩阵中的非负邻接元素定义为

$$a_{ij}=\begin{cases}w_{ij}, & j\text{ 是}i\text{ 的邻居，即}j\in \boldsymbol{N}(i)\\ 0, & j\text{ 不是}i\text{ 的邻居，即}j\notin \boldsymbol{N}(i)\end{cases}$$

例如，图 1.4（b）的邻接矩阵可表示为

$$\boldsymbol{A}=\begin{bmatrix}0&2&0&7&0&0\\0&0&0&0&2&0\\0&0&0&3&0&0\\6&0&4&0&0&0\\0&0&5&0&0&2\\3&0&0&0&2&0\end{bmatrix}$$

图 1.5 给出了某社交网络和对应邻接矩阵的图示，其中节点表示社会个体，边表示个体之间的通信状况。

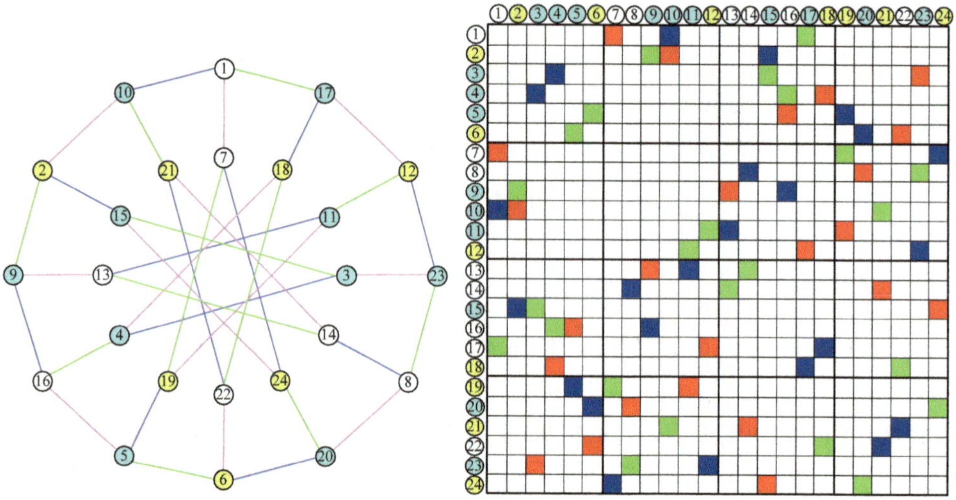

图 1.5 某社交网络和对应邻接矩阵的图示

### 1.3.4 网络演化模型

本小节介绍常用的三种网络演化模型，为社交网络的进一步构建提供理论支撑。

1. ER 随机网络

1959 年，Erdős 和 Rényi 提出的 ER 随机网络规定了边的连接按照固定的概率进行。在此基础上，主要有以下两种随机网络生成法。

（1）$G(n,m)$：给定 $n$ 个节点和待添加的边数 $m$，随机选取一对无边相连的节

点对，在二者之间添加一条边。重复上述步骤，直至网络中存在 $m$ 条边。

（2）$G(n,p)$：对于具有 $n$ 个节点的图，给定图中任意两个节点之间存在边的概率 $p\in[0,1]$。选取一对无边相连的节点对，生成随机数 $r\in(0,1)$，若 $r<p$，则在二者之间添加一条边，否则不添加。重复上述步骤，直至遍历完网络中的所有节点对。根据网络演化过程，可以推算出生成的随机网络中度的均值为 $p(n-1)$。

给定相同的初始条件，上述两种随机网络生成法每次生成的随机网络均存在差异，但其度的均值始终保持不变。图 1.6 展示了一个由 $G(n,p)$ 构造算法生成的 ER 随机网络，其中 $n=15$，$p=0.3$。

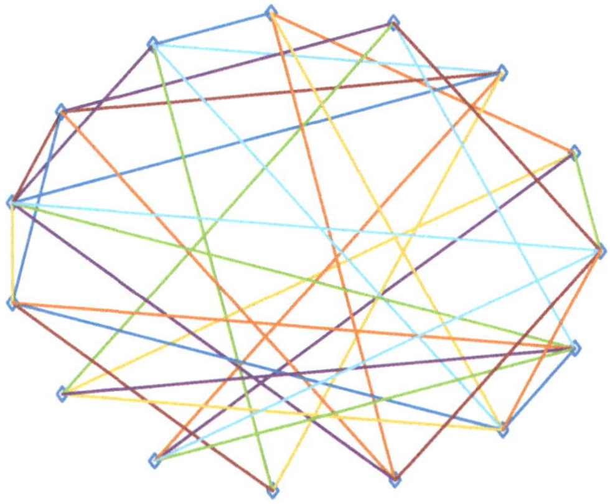

图 1.6 ER 随机网络

### 2. BA 无标度网络

现实世界中的网络大多数并不仅仅是单纯的随机网络，包括互联网、万维网和一些社交网络在内，它们实际上都是近似无标度的。例如，在新浪微博平台上，少部分用户拥有大量的粉丝与关注，而绝大多数用户的粉丝寥寥无几；又如，在市场竞争中，少部分的龙头企业占据了大多数的市场份额，其余的中小型企业数量更为庞大，但它们所占的市场比例却相对较低，这本身也是马太效应的一些表现形式。因此，为了描述网络中少数节点拥有大量的连接，而大部分节点却拥有很少连接的现象，学者们提出了无标度网络的概念。BA 无标度网络于 1999 年被正式提出，其生成方式具有如下两个特性。

（1）增长特性：网络的规模是不断增长与扩大的。从初始节点开始，不断向网络中添加新的节点，新节点连接到现有节点上，其连接概率与现有节点已拥有的连接数量成正比。

（2）优先连接特性：新增长的节点有着将自己附加到拥有较高连接度的节点上的“偏好”。因此，拥有大量连接的节点往往会迅速累积更多的连接，只有少量连接的节点不太可能被选为新连接的目的地。

图 1.7 展示了一个 BA 无标度网络，其中未增长前的网络节点个数 $n=10$，增长后的网络规模 $m=15$，每次引入新节点时新生成的边数 $e=2$。

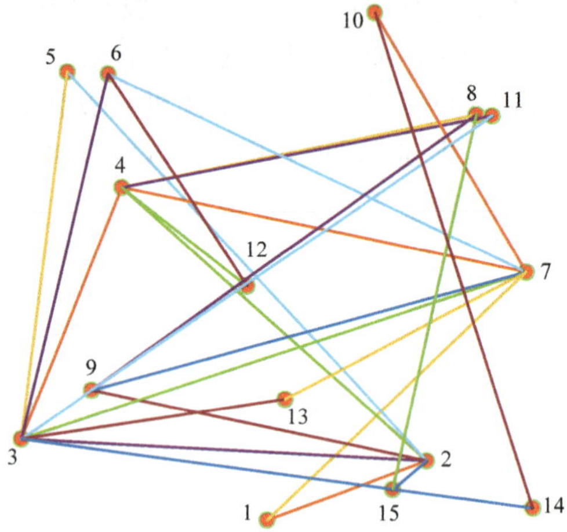


图 1.7　BA 无标度网络

3. WS 小世界网络

小世界网络反映了陌生人之间由彼此共同认识的人构成连接的小世界现象。在这种网络结构中，大部分节点之间并不直接相连，而是可以经由其他节点通过少数的步骤互相连通，这与高度结构化的人类社会有着非常相似的特征。WS 小世界网络的平均路径较短，且聚集系数较高，因此节点之间拥有共同邻居的概率很大。图 1.8 展示了一个 WS 小世界网络，其中网络中的节点总数 $n=15$，网络中每个节点的邻居数 $m=4$，随机化重连的概率 $p=0.1$。

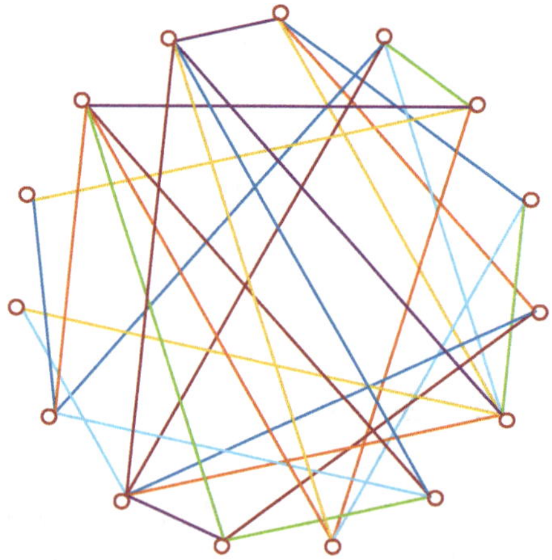

图 1.8　WS 小世界网络

此外，还可以将小世界网络由一个社区扩展为多个社区，各个社区内节点之间的联系较为紧密，而各个社区之间的联系相对较少。

## 1.4 本章小结

本章首先介绍了竞争与合作网络的背景和研究意义，强调了竞争-合作机制在自然界群体系统中的重要性和迫切性，并指出递归神经网络可作为新的研究思路。随后，根据不同研究领域中的竞争-合作机制分别介绍国内外研究现状。具体而言，包括 $k$-WTA 的协同机制、基于一致性滤波器的分布式模型、基于博弈论的研究，以及其在不同场景中的应用。最后，概述了现代复杂网络中的信息传输背景知识，包括社交网络的计算机表示、图论相关知识，以及几种现有的网络演化模型。综上所述，本章为后续章节的工作开展提供了研究背景和意义，奠定了研究基础和实施可行性。

# 第 2 章　基于梯度的微分赢者通吃网络模型

## 2.1　引　　言

协同行为在自然界中普遍存在[47]。例如，蜂群、鸟群和蚂蚁群等生物群体中通过协同行为达成一致，以逃避攻击或捕获食物。随着科技的进步，协同机制在多机器人系统等新兴研究领域受到了广泛关注[48-50]。一般而言，多机器人的协同行为可分为竞争和合作两个方面。至今，对多机器人系统的合作行为的研究已经取得了较为丰硕的成果[51-53]。例如，西安交通大学的 Yan 等[54]提出了一种基于卷积神经网络的配电网巡逻机器人知识获取方法，使得多个巡逻机器人成功合作，完成了电网设备状态的检测任务；意大利博洛尼亚大学的 Carnevale 等[55]开发了一种带有恒定步长的分布式控制器，确保了各个机器人的输出状态的同步；Yu 等[56]研究了多个单轮移动机器人协同包围目标的问题。值得注意的是，在多数情况下，一个协同任务中仅考虑合作行为是远远不够的。如果不进行合理的任务分配，会导致任务开展效率低下，并造成系统资源浪费。文献[57]指出，在市场经济中，竞争和合作有着同样的重要性。文献[58]指出，在神经科学中，大脑系统中的合作和竞争模式共同决定着人的行为。因此，对于多机器人竞争行为的研究也逐渐受到重视。例如，Li 等[59]从队形控制的角度，探讨了多机器人系统中的领导者选择过程，运用交换贪婪算法确定机器人的主从关系，使得机器人群体可以实时自主选择领导者。Jin 和 Li[33]以 $k$-WTA 网络模型为基础模型，设计了多冗余机器人在有限通信条件下路径跟踪的动态任务分配控制规律。此外，在文献[60]和文献[61]中，多个机器人通过协同合作，解决了单个机器人难以应对的各种问题。本章的应用部分旨在探讨多机器人系统中的竞争协同问题，即多个机器人需要同时追踪一个移动目标，只有距离目标最近的机器人才能获得执行任务的资格。为了描述这种竞争行为，本章将其建模为 $k$-WTA 问题。在解决 $k$-WTA 问题的过程中，模型以跟踪机器人与给定目标之间的距离作为实时输入，并通过生成适当的输出来选择距离目标最近的 $k$ 个机器人。被选中的机器人作为赢家执行追逐动作，其余 $(m-k)$ 个机器人保持静止，等待被激活。这种竞争协同方式最大程度地减少了机器人的运动，从而节省了能源并降低了成本[62-64]。

在过去的十几年里，循环神经网络（recurrent neural network，RNN）常常被认为是很多问题有效的求解工具，$k$-WTA 问题也不例外[65-67]。神经网络一般通过神经元之间的相互抑制完成输入信号的选择，进而实现$k$-WTA 问题的求解[68-70]。例如，Tien[21]提出了一种 RNN 模型求解多约束下的$k$-WTA 问题，并将所提出的模型应用到数据中心网络的优先流调度器上，在无流竞争约束条件下实现了最大吞吐量和最小能耗。作为 RNN 的一种典型模型，基于梯度的 RNN 模型可以被用于$k$-WTA 问题的求解[71]。然而，机器人跟踪任务的复杂性对求解模型的实时性和鲁棒性提出了较高的要求。传统的梯度 RNN 模型面临两个主要挑战：一个挑战是其在求解时变问题时所产生的滞后误差；另一个挑战是求解过程中出现的各种难以避免的噪声，包括恒定噪声和随机噪声（由偏差电压和动态系统中的不可预测的波动引起）。因此，有必要对传统梯度 RNN 模型做出改进。本章重点提出一种 GD-$k$WTA 网络模型。具体地，本章将时间导数信息应用于 GD-$k$WTA，从而消除滞后误差，并帮助 GD-$k$WTA 网络模型收敛到理论解。此外，参考第 1 章的思路，本章也将积分项纳入 GD-$k$WTA 网络模型中，使其能够抵抗噪声。通过这些改进，所提出的 GD-$k$WTA 网络模型具有更强的鲁棒性、更高的准确性和更快的实时处理能力，可以成功地解决机器人跟踪任务中的竞争问题。

## 2.2　问 题 转 化

$k$-WTA 表示从输入向量$\boldsymbol{e}(t)\in\mathbb{R}^m$（包含$m$个成员）中找到$k$个最大元素（即$k$个最大成员），并将它们的值设为 1（即激活），其余元素设为 0（即保持未激活）。根据这一定义，$k$-WTA 通常用以下公式来描述：

$$s_i(t)=f(e_i(t))=\begin{cases}1,\ e_i(t)\in K\\0,\ e_i(t)\notin K\end{cases}\tag{2.1}$$

式中，$K$是由输入向量$\boldsymbol{e}(t)$中$m$个不同元素的值排序选择出的$k$个元素的集合，且$s_i(t)$表示输出向量$\boldsymbol{s}(t)$的第$i$个元素。

$k$-WTA 问题可以等价为一个二次规划问题，即

$$\begin{cases}\min\quad \varsigma\boldsymbol{s}^{\mathrm{T}}(t)\boldsymbol{s}(t)-\boldsymbol{e}^{\mathrm{T}}(t)\boldsymbol{s}(t)\\ \text{s. t.}\quad \boldsymbol{\iota}^{\mathrm{T}}\boldsymbol{s}(t)-k=0\\ \qquad\quad \boldsymbol{B}_3\boldsymbol{s}(t)+\boldsymbol{q}_3\leqslant\boldsymbol{0}\end{cases}\tag{2.2}$$

式中，$\boldsymbol{B}_3=[\boldsymbol{I};-\boldsymbol{I}]$，$\boldsymbol{I}$表示单位矩阵；$\boldsymbol{q}_3=[\boldsymbol{I};\boldsymbol{0}]$；$\boldsymbol{\iota}=[1,1,\cdots,1]^{\mathrm{T}}\in\mathbb{R}^m$；$\varsigma$是一个常数，其取值为区间$(0,\tilde{e}_j/2)$，以确保其解的唯一性，其中$\tilde{e}_j$表示第$j$个最大元素和第$(j+1)$个最大元素之间的差值。

式（2.2）可以被看作等式约束和不等式约束的时变非线性优化（time-variant nonlinear optimization with equality and inequality constraints，TVNOEIC）问题，其

广义形式可以写为

$$\begin{cases}\min & u(\boldsymbol{s}(t),t)\\ \text{s. t.} & \boldsymbol{q}_1(t)+\boldsymbol{B}_1(t)\boldsymbol{s}(t)=\boldsymbol{0}\\ & \boldsymbol{q}_2(t)+\boldsymbol{B}_2(t)\boldsymbol{s}(t)\leqslant\boldsymbol{0}\end{cases} \tag{2.3}$$

式中，$t\in[0,+\infty)$ 表示时间；$\boldsymbol{0}$ 表示一个元素全 0 的 $n$ 维向量；$\boldsymbol{s}(t)\in\mathbb{R}^m$ 表示待求解的未知向量；$u(\cdot):\mathbb{R}^m\to\mathbb{R}$ 表示目标函数，该函数在任意时间 $t$ 的 $\boldsymbol{s}(t)$ 处连续可微且凸，以确保解是全局最优而非局部最优；向量 $\boldsymbol{q}_1(t)\in\mathbb{R}^n$，向量 $\boldsymbol{q}_2(t)\in\mathbb{R}^p$，矩阵 $\boldsymbol{B}_1(t)\in\mathbb{R}^{n\times m}$，矩阵 $\boldsymbol{B}_2(t)\in\mathbb{R}^{p\times m}$ 分别表示四个给定的时变参数。

为表达方便，将函数 $u(\boldsymbol{s}(t),t)$ 相对于 $\boldsymbol{s}(t)$ 的梯度描述为 $\boldsymbol{h}(\boldsymbol{s}(t),t):\mathbb{R}^m\to\mathbb{R}^m$，其中 $\boldsymbol{h}(\boldsymbol{s}(t),t)=\partial u(\boldsymbol{s}(t),t)/\partial\boldsymbol{s}(t)$，即

$$\boldsymbol{h}(\boldsymbol{s}(t),t)=[\partial u/\partial s_1,\partial u/\partial s_2,\cdots,\partial u/\partial s_m]^{\mathrm{T}}$$

式中，上标 T 表示矩阵或向量的转置。为了得到 TVNOEIC 问题式（2.3）的可行解，考虑将其转化为一个非线性方程组。具体过程在下文给出。

根据拉格朗日乘子法知道，当且仅当向量 $\boldsymbol{a}(t)\in\mathbb{R}^n$ 和 $\boldsymbol{c}(t)\in\mathbb{R}^p$ 满足以下条件时，TVNOEIC 问题式（2.3）的最优解可以等价为如下方程组的解：

$$\begin{cases}\boldsymbol{h}(\boldsymbol{s}(t),t)+\boldsymbol{B}_1^{\mathrm{T}}(t)\boldsymbol{a}(t)+\boldsymbol{B}_2^{\mathrm{T}}(t)\boldsymbol{c}(t)=\boldsymbol{0}\\ \boldsymbol{q}_1(t)+\boldsymbol{B}_1(t)\boldsymbol{s}(t)=\boldsymbol{0}\\ \psi_{\mathrm{FB}}^{\nu}(-\boldsymbol{q}_2(t)-\boldsymbol{B}_2(t)\boldsymbol{s}(t),\boldsymbol{c}(t))=\boldsymbol{0}\end{cases} \tag{2.4}$$

式中，$\boldsymbol{a}(t)=[a_1(t),a_2(t),\cdots,a_n(t)]^{\mathrm{T}}$ 和 $\boldsymbol{c}(t)=[c_1(t),c_2(t),\cdots,c_p(t)]^{\mathrm{T}}$ 分别表示 TVNOEIC 问题式（2.3）中等式约束和不等式约束的拉格朗日乘子。函数 $\psi_{\mathrm{FB}}^{\nu}(\boldsymbol{v},\boldsymbol{o}_1,\boldsymbol{o}_2)$ 被定义为如下表达式：

$$\psi_{\mathrm{FB}}^{\nu}(\boldsymbol{v},\boldsymbol{o}_1,\boldsymbol{o}_2)=(\boldsymbol{o}_1+\boldsymbol{o}_2)-\sqrt{\boldsymbol{o}_1\circ\boldsymbol{o}_1+\boldsymbol{o}_2\circ\boldsymbol{o}_2+\boldsymbol{v}}$$

式中，$\boldsymbol{o}_1\in\mathbb{R}^p$ 和 $\boldsymbol{o}_2\in\mathbb{R}^p$ 表示两个向量，它们的元素值均大于 0；符号 $\circ$ 表示哈达马（Hadamard）积；$\boldsymbol{v}>\boldsymbol{0}\in\mathbb{R}^p$ 是扰动项，以确保 $\psi_{\mathrm{FB}}^{\nu}(\boldsymbol{v},\boldsymbol{o}_1,\boldsymbol{o}_2)$ 的平滑可微性，且通常是预定义的。式（2.4）被进一步转化为如下矩阵方程：

$$\boldsymbol{S}(t)\boldsymbol{\varrho}(t)+\boldsymbol{g}(\boldsymbol{\varrho}(t),t)=\boldsymbol{0} \tag{2.5}$$

式中

$$\boldsymbol{S}(t)=\begin{bmatrix}\boldsymbol{0} & \boldsymbol{B}_1^{\mathrm{T}}(t) & \boldsymbol{B}_2^{\mathrm{T}}(t)\\ \boldsymbol{B}_1(t) & \boldsymbol{0} & \boldsymbol{0}\\ -\boldsymbol{B}_2(t) & \boldsymbol{0} & \boldsymbol{I}\end{bmatrix},\quad \boldsymbol{\varrho}(t)=\begin{bmatrix}\boldsymbol{s}(t)\\ \boldsymbol{a}(t)\\ \boldsymbol{c}(t)\end{bmatrix},\quad \boldsymbol{g}(\boldsymbol{\varrho}(t),t)=\begin{bmatrix}\boldsymbol{h}(\boldsymbol{s}(t),t)\\ \boldsymbol{q}_1(t)\\ \boldsymbol{w}_1(t)\end{bmatrix}$$

式中，$\boldsymbol{w}_1(t)=-\boldsymbol{q}_2(t)-\boldsymbol{m}(t)$，$\boldsymbol{m}(t)=\sqrt{\boldsymbol{\delta}(t)\circ\boldsymbol{\delta}(t)+\boldsymbol{c}(t)\circ\boldsymbol{c}(t)+\boldsymbol{v}}$，$\boldsymbol{\delta}(t)=-\boldsymbol{q}_2(t)-\boldsymbol{B}_2(t)\boldsymbol{s}(t)$；$\boldsymbol{0}$ 表示一个元素全为 0 的 $m\times n$ 维矩阵。考虑 $k$-WTA 问题的特殊性，$\boldsymbol{S}(t)$

和 $\boldsymbol{g}(\boldsymbol{\varrho}(t),t)$ 可以重写为

$$\boldsymbol{S}(t)=\begin{bmatrix} 2\varsigma\boldsymbol{I} & \boldsymbol{\iota} & \boldsymbol{B}_3^{\mathrm{T}}(t) \\ \boldsymbol{\iota}^{\mathrm{T}} & 0 & \boldsymbol{0} \\ -\boldsymbol{B}_3(t) & \boldsymbol{0} & \boldsymbol{I} \end{bmatrix},\quad \boldsymbol{\varrho}(t)=\begin{bmatrix} \boldsymbol{s}(t) \\ \boldsymbol{a}(t) \\ \boldsymbol{c}(t) \end{bmatrix},\quad \boldsymbol{g}(\boldsymbol{\varrho}(t),t)=\begin{bmatrix} -\boldsymbol{e}(t) \\ -k \\ \boldsymbol{w}_1(t) \end{bmatrix}$$

即 $k$-WTA 问题式（2.2）的解可以通过求解非线性方程（2.5）来获取。

## 2.3 模型建立

本节使用梯度法设计 G-$k$WTA 网络模型求解 $k$-WTA 问题，分析其不足之处，并对该模型进行改进，得到 GD-$k$WTA 网络模型。

### 2.3.1 G-$k$WTA 模型

定义 $\boldsymbol{\varpi}(t)=\boldsymbol{S}\boldsymbol{\varrho}(t)+\boldsymbol{g}(\boldsymbol{\varrho}(t),t)$，系统误差可以被描述为

$$\|\boldsymbol{\varpi}(t)\|_2^2=\|\boldsymbol{S}\boldsymbol{\varrho}(t)+\boldsymbol{g}(\boldsymbol{\varrho}(t),t)\|_2^2 \tag{2.6}$$

基于梯度法的核心思想，即通过沿误差的负梯度下降来搜索解，构建 G-$k$WTA 网络模型用于解决方程（2.1），即

$$\begin{aligned}\dot{\boldsymbol{\varrho}}(t) &= -\alpha\left(\boldsymbol{S}^{\mathrm{T}}+\frac{\partial \boldsymbol{g}^{\mathrm{T}}(\boldsymbol{\varrho}(t),t)}{\partial\boldsymbol{\varrho}(t)}\right)\left(\boldsymbol{S}\boldsymbol{\varrho}(t)+\boldsymbol{g}(\boldsymbol{\varrho}(t),t)\right) \\ &= -\alpha\boldsymbol{Q}^{\mathrm{T}}(t)\left(\boldsymbol{S}\boldsymbol{\varrho}(t)+\boldsymbol{g}(\boldsymbol{\varrho}(t),t)\right)\end{aligned} \tag{2.7}$$

式中，$\alpha>0$ 表示收敛参数，$\boldsymbol{Q}(t)$ 的值为

$$\boldsymbol{Q}(t)=\begin{bmatrix} 2\varsigma\boldsymbol{I} & \boldsymbol{\iota} & \boldsymbol{B}_3^{\mathrm{T}}(t) \\ \boldsymbol{\iota}^{\mathrm{T}} & 0 & \boldsymbol{0} \\ (\boldsymbol{K}_1(t)-\boldsymbol{I})\boldsymbol{B}_3(t) & \boldsymbol{0} & \boldsymbol{I}-\boldsymbol{K}_2(t) \end{bmatrix}$$

式中，$\boldsymbol{K}_1(t)=\Lambda(\boldsymbol{m}(t)\oslash\boldsymbol{\delta}(t))$，$\boldsymbol{K}_2(t)=\Lambda(\boldsymbol{\sigma}(t)\oslash\boldsymbol{\delta}(t))$，符号 $\Lambda$ 和 $\oslash$ 分别表示对角化和 Hadamard 除法运算。如前所述，G-$k$WTA 网络模型式（2.7）会滞后于时变问题的实时理论解，定理 2.1 提供了详细的分析。

**定理 2.1**　在求解 $k$-WTA 问题式（2.2）时，G-$k$WTA 网络模型式（2.7）产生的残差 $\|\boldsymbol{\varpi}(t)\|_2$ 的上限为 $x/(\alpha\chi_{\min})$，其中，$\chi_{\min}$ 是 $\boldsymbol{Q}(t)\boldsymbol{Q}^{\mathrm{T}}(t)$ 特征值中最小的特征值，$x=(x_1+x_2x_3)$，其中 $x_1\geqslant\|\boldsymbol{\varpi}(t)\|_2$，$x_2\geqslant\|\boldsymbol{Q}(t)\|_{\mathrm{F}}$，$x_3\geqslant\|\dot{\boldsymbol{\varrho}}(t)\|_2$，$\|\cdot\|_{\mathrm{F}}$ 表示弗罗贝尼乌斯（Frobenius）范数。

**证明**　为便于分析，定义李雅普诺夫（Lyapunov）函数 $L_1(t)=\boldsymbol{\varpi}^{\mathrm{T}}(t)\boldsymbol{\varpi}(t)/2$，其时间导数计算为

$$\begin{aligned}\dot{L}_1(t) &= \boldsymbol{\varpi}^{\mathrm{T}}(t)\dot{\boldsymbol{\varpi}}(t)\\ &= \boldsymbol{\varpi}^{\mathrm{T}}(t)\left(\boldsymbol{S}\dot{\varrho}(t)+\dot{\boldsymbol{S}}\varrho(t)+\frac{\partial \boldsymbol{g}(\varrho(t),t)}{\partial t}+\frac{\partial \boldsymbol{g}(\varrho(t),t)}{\partial \varrho(t)}\dot{\varrho}(t)\right)\\ &= \boldsymbol{\varpi}^{\mathrm{T}}(t)\boldsymbol{Q}(t)\dot{\varrho}(t)+\boldsymbol{\varpi}^{\mathrm{T}}(t)\left(\dot{S}\varrho(t)+\frac{\partial \boldsymbol{g}(\varrho(t),t)}{\partial t}\right)\end{aligned} \tag{2.8}$$

将 G-$k$WTA 网络模型式（2.7）代入式（2.8），得到

$$\begin{aligned}\dot{L}_1(t) = {}& \boldsymbol{\varpi}^{\mathrm{T}}(t)\boldsymbol{Q}(t)(-\alpha\boldsymbol{Q}^{\mathrm{T}}(t)(\boldsymbol{S}\varrho(t)+\boldsymbol{g}(t)))\\ &+\boldsymbol{\varpi}^{\mathrm{T}}(t)\left(\dot{\boldsymbol{S}}\varrho(t)+\frac{\partial \boldsymbol{g}(\varrho(t),t)}{\partial t}\right)\end{aligned} \tag{2.9}$$

考虑 $\boldsymbol{\varpi}(t)$ 和 $\dot{\boldsymbol{\varpi}}(t)$ 的表达式，有

$$\begin{aligned}\dot{L}_1(t) &= -\alpha\boldsymbol{\varpi}^{\mathrm{T}}(t)\boldsymbol{Q}(t)\boldsymbol{Q}^{\mathrm{T}}(t)\boldsymbol{\varpi}(t)+\boldsymbol{\varpi}^{\mathrm{T}}(t)(\dot{\boldsymbol{\varpi}}(t)-\boldsymbol{Q}(t)\dot{\varrho}(t))\\ &\leqslant -\alpha\chi_{\min}\|\boldsymbol{\varpi}(t)\|_2^2+\|\boldsymbol{\varpi}^{\mathrm{T}}(t)\|_2\times(\|\dot{\boldsymbol{\varpi}}(t)\|_2+\|\boldsymbol{Q}(t)\dot{\varrho}(t)\|_2)\end{aligned} \tag{2.10}$$

根据 $x_1$、$x_2$ 和 $x_3$ 的定义，可以进一步得到

$$\begin{aligned}\dot{L}_1(t) &\leqslant -\alpha\chi_{\min}\|\boldsymbol{\varpi}(t)\|_2^2+(x_1+x_2x_3)\|\boldsymbol{\varpi}^{\mathrm{T}}(t)\|_2\\ &\leqslant -\|\boldsymbol{\varpi}(t)\|_2(\alpha\chi_{\min}\|\boldsymbol{\varpi}(t)\|_2-(x_1+x_2x_3))\\ &= \|\boldsymbol{\varpi}(t)\|_2(-\alpha\chi_{\min}\|\boldsymbol{\varpi}(t)\|_2+x)\end{aligned} \tag{2.11}$$

随着时间的推移，$\boldsymbol{\varpi}(t)$ 会演化，且 $L_1(t)$ 会落入以下三个区间。

（1）当 $-\alpha\chi_{\min}\|\boldsymbol{\varpi}(t)\|_2+x<0$ 时，可以发现 $\dot{L}_1(t)<0$，这使得 $\|\boldsymbol{\varpi}(t)\|_2$ 会收敛。由前提可知 $\|\boldsymbol{\varpi}(t)\|_2>x/(\alpha\chi_{\min})$，因此残差 $\|\boldsymbol{\varpi}(t)\|_2$ 最终会达到 $x/(\alpha\chi_{\min})$。

（2）当 $-\alpha\chi_{\min}\|\boldsymbol{\varpi}(t)\|_2+x=0$ 时，可以看出 $\dot{L}_1(t)\leqslant 0$，这意味着 $\|\boldsymbol{\varpi}(t)\|_2$ 会减小或者 $\|\boldsymbol{\varpi}(t)\|_2=x/(\alpha\chi_{\min})$ 成立。

（3）当 $-\alpha\chi_{\min}\|\boldsymbol{\varpi}(t)\|_2+x>0$ 时，$\dot{L}_1(t)$ 小于一个正值，有两种情况：$\dot{L}_1(t)\leqslant 0$ 或 $\dot{L}_1(t)>0$。在第一种情况下，$\|\boldsymbol{\varpi}(t)\|_2$ 会减小或保持不变。在第二种情况下，$\|\boldsymbol{\varpi}(t)\|_2$ 会发散，直到它达到 $\|\boldsymbol{\varpi}(t)\|_2=x/(\alpha\chi_{\min})$。

通过分析上述三种情况，可以明显地看出，无论初始状态如何，残差 $\|\boldsymbol{\varpi}(t)\|_2$ 最终都会收敛到 $x/(\alpha\chi_{\min})$，证明完成。

### 2.3.2 GD-$k$WTA 网络模型

定理 2.1 揭示了 G-$k$WTA 网络模型式（2.7）的局限性。为了弥补该不足，可以在 G-$k$WTA 网络模型式（2.7）中引入一个速度补偿项 $\boldsymbol{\vartheta}(t)$，即

$$\dot{\varrho}(t)=-\alpha\boldsymbol{Q}^{\mathrm{T}}(t)\left(\boldsymbol{S}\varrho(t)+\boldsymbol{g}(\varrho(t),t)\right)+\boldsymbol{\vartheta}(t) \tag{2.12}$$

当系统达到平衡点时，$\boldsymbol{\varpi}(t)=\boldsymbol{S}\varrho(t)+\boldsymbol{g}(\varrho(t),t)=\boldsymbol{0}$，因此存在

$$\dot{\varrho}(t)=\boldsymbol{\vartheta}(t) \tag{2.13}$$

因此

$$\boldsymbol{Q}(t)\dot{\boldsymbol{\varrho}}(t)=\boldsymbol{Q}(t)\boldsymbol{\vartheta}(t) \tag{2.14}$$

对 $\boldsymbol{\varpi}(t)$ 求导，得到

$$\boldsymbol{S}\dot{\boldsymbol{\varrho}}(t)+\dot{\boldsymbol{S}}\boldsymbol{\varrho}(t)+\frac{\partial \boldsymbol{g}(\boldsymbol{\varrho}(t),t)}{\partial t}+\frac{\partial \boldsymbol{g}(\boldsymbol{\varrho}(t),t)}{\partial \boldsymbol{\varrho}(t)}\dot{\boldsymbol{\varrho}}(t)=\boldsymbol{0} \tag{2.15}$$

由于 $\boldsymbol{S}$ 独立于 $t$，$\dot{\boldsymbol{S}}=\boldsymbol{0}$，式（2.15）可以简化为

$$\boldsymbol{Q}(t)\dot{\boldsymbol{\varrho}}(t)=\boldsymbol{l}(t) \tag{2.16}$$

式中，$\boldsymbol{l}(t)=-\partial \boldsymbol{g}(\boldsymbol{\varrho}(t),t)/\partial t=[\dot{\boldsymbol{e}}^{\mathrm{T}}(t),0,\boldsymbol{0}^{\mathrm{T}}]^{\mathrm{T}}$。将式（2.16）整合到式（2.14）可得

$$\boldsymbol{Q}(t)\boldsymbol{\vartheta}(t)=\boldsymbol{l}(t) \tag{2.17}$$

将计算得到的补偿项代入式（2.12），两边乘以 $\boldsymbol{Q}(t)$，有

$$\boldsymbol{Q}(t)\dot{\boldsymbol{\varrho}}(t)=-\alpha\boldsymbol{Q}(t)\boldsymbol{Q}^{\mathrm{T}}(t)\big(\boldsymbol{S}\boldsymbol{\varrho}(t)+\boldsymbol{g}(\boldsymbol{\varrho}(t),t)\big)+\boldsymbol{l}(t) \tag{2.18}$$

为加强式（2.18）的鲁棒性，考虑将误差积分项集成到式（2.18）中，得到鲁棒性更好的版本，即

$$\begin{aligned}\boldsymbol{Q}(t)\dot{\boldsymbol{\varrho}}(t)=&-\alpha\boldsymbol{Q}(t)\boldsymbol{Q}^{\mathrm{T}}(t)\big(\boldsymbol{S}\boldsymbol{\varrho}(t)+\boldsymbol{g}(\boldsymbol{\varrho}(t),t)\big)\\&-\beta\int_0^t\big(\boldsymbol{S}\boldsymbol{\varrho}(\delta)+\boldsymbol{g}(\boldsymbol{\varrho}(\delta),\delta)\big)\mathrm{d}\delta+\boldsymbol{l}(t)\end{aligned} \tag{2.19}$$

式中，$\beta>0\in\mathbb{R}$ 为收敛参数。

如果考虑噪声 $\boldsymbol{\xi}(t)$，可以得到 GD-$k$WTA 网络模型：

$$\begin{aligned}\boldsymbol{Q}(t)\dot{\boldsymbol{\varrho}}(t)=&-\alpha\boldsymbol{Q}(t)\boldsymbol{Q}^{\mathrm{T}}(t)\big(\boldsymbol{S}\boldsymbol{\varrho}(t)+\boldsymbol{g}(\boldsymbol{\varrho}(t),t)\big)\\&-\beta\int_0^t\big(\boldsymbol{S}\boldsymbol{\varrho}(\delta)+\boldsymbol{g}(\boldsymbol{\varrho}(\delta),\delta)\big)\mathrm{d}\delta+\boldsymbol{l}(t)+\boldsymbol{\xi}(t)\end{aligned} \tag{2.20}$$

式中，$\boldsymbol{\varrho}(t)$ 中的前 $m$ 个元素共同构成 $\boldsymbol{s}(t)$，其元素的理论解为 0 或 1。根据这一事实，$s_i(t)$ 可以通过下式得到

$$s_i(t)=H_1(\varrho_i(t))=\begin{cases}1, & \varrho_i>\hbar\\ \varrho_i, & (1-\hbar)\leqslant\varrho_i\leqslant\hbar\\ 0, & \varrho_i<(1-\hbar)\end{cases}$$

式中，$i=1,2,\cdots,m$；$0.5<\hbar<1$。在此函数的辅助下，$s_i(t)$ 可以以零误差获得。

## 2.4　理论分析与仿真实验

本节提供关于 GD-$k$WTA 网络模型式（2.20）的定理，以研究其求解 $k$-WTA 问题的收敛性和抗噪能力。

### 2.4.1 无噪声环境下的收敛性能

定理 2.2 和定理 2.3 证明了 GD-$k$WTA 网络模型式（2.20）在无噪声情况下的收敛性能。

**定理 2.2** 在零噪声的情况下，GD-$k$WTA 网络模型式（2.20）全局收敛到 $k$-WTA 问题式（2.2）的理论解。

**证明** 在 GD-$k$WTA 网络模型式（2.20）中，矩阵 $\boldsymbol{Q}(t)\boldsymbol{Q}^{\mathrm{T}}(t)$ 是实对称的正定矩阵，因此可以转换为由对应的特征值组成的对角矩阵，即

$$\boldsymbol{Q}(t)\boldsymbol{Q}^{\mathrm{T}}(t) \cong \Lambda(\epsilon_1, \epsilon_2, \cdots, \epsilon_{3m+1}) \tag{2.21}$$

考虑 $\boldsymbol{Q}(t)$、$\boldsymbol{S}$、$\boldsymbol{l}(t)$ 和 $\dot{\boldsymbol{g}}(\boldsymbol{\varrho}(t),t)$ 的表达式，没有噪声干扰的 GD-$k$WTA 网络模型式（2.20）很容易被重写为

$$\begin{aligned}
&\boldsymbol{S}\dot{\boldsymbol{\varrho}}(t) + \dot{\boldsymbol{S}}\boldsymbol{\varrho}(t) + \dot{\boldsymbol{g}}(\boldsymbol{\varrho}(t),t) \\
&= -\alpha\boldsymbol{Q}(t)\boldsymbol{Q}^{\mathrm{T}}(t)\big(\boldsymbol{S}\boldsymbol{\varrho}(t) + \boldsymbol{g}(\boldsymbol{\varrho}(t),t)\big) \\
&\quad -\beta\int_0^t \big(\boldsymbol{S}\boldsymbol{\varrho}(\delta) + \boldsymbol{g}(\boldsymbol{\varrho}(\delta),\delta)\big)\mathrm{d}\delta
\end{aligned} \tag{2.22}$$

根据 $\boldsymbol{\varpi}(t)$ 的定义，即 $\boldsymbol{\varpi}(t) = \boldsymbol{S}\boldsymbol{\varrho}(t) + \boldsymbol{g}(\boldsymbol{\varrho}(t),t)$，提出的 GD-$k$WTA 网络模型式(2.19)可以被重写为 $\dot{\boldsymbol{\varpi}}(t) = -\alpha\boldsymbol{Q}(t)\boldsymbol{Q}^{\mathrm{T}}(t)\boldsymbol{\varpi}(t) - \beta\int_0^t \boldsymbol{\varpi}(\delta)\mathrm{d}\delta$，它可以被分解成 $(3m+1)$ 个子系统，即 $\dot{\varpi}_i(t) = -\alpha\epsilon_i\varpi_i(t) - \beta\int_0^t \varpi_i(\delta)\mathrm{d}\delta$。考虑 Lyapunov 函数 $L_2(t)$：

$$L_2(t) = \varpi_i^2(t) + \beta\left(\int_0^t \varpi_i(\delta)\mathrm{d}\delta\right)^2 \geqslant 0 \tag{2.23}$$

其时间导数为

$$\begin{aligned}
\dot{L}_2(t) &= 2\varpi_i(t)\left(\dot{\varpi}_i(t) + \beta\int_0^t \varpi_i(\delta)\mathrm{d}\delta\right) \\
&= 2\varpi_i(t)\big(-\alpha\epsilon_i\varpi_i(t)\big) \\
&= -2\alpha\epsilon_i\varpi_i^2(t) \leqslant 0
\end{aligned} \tag{2.24}$$

基于 Lyapunov 理论，可知子系统 $\varpi_i(t)$ 是全局收敛于 0 的，因此 $\|\boldsymbol{\varpi}(t)\|_2$ 是全局收敛于 0 的，这间接验证了 GD-$k$WTA 网络模型式（2.20）求解 $k$-WTA 问题式（2.2）的有效性。证明完成。

**定理 2.3** 在零噪声的情况下，GD-$k$WTA 网络模型式（2.20）指数收敛于 $k$-WTA 问题式（2.2）的理论输出。

**证明** 使用 $\lambda_i$ 表示 $\int_0^t \varpi_i(\delta)\mathrm{d}\delta$，这样容易将子系统 $\dot{\varpi}_i(t) = -\alpha\epsilon_i\varpi_i(t) - \beta\int_0^t \varpi_i(\delta)\mathrm{d}\delta$ 重写为

$$\ddot{\lambda}_i(t) + \alpha\epsilon_i\dot{\lambda}_i(t) + \beta\lambda_i(t) = 0 \tag{2.25}$$

令 $\zeta=\alpha^2\epsilon_i^2-4\beta$，定义 $y_1=(-\alpha\epsilon_i+\sqrt{\zeta})/2$ 和 $y_2=(-\alpha\epsilon_i-\sqrt{\zeta})/2$。很容易发现，在初始时刻，$\lambda_i(0)=0$ 和 $\dot{\lambda}_i(0)=\varpi_i(0)$。下面通过三种情况对式（2.25）进行讨论。

（1）如果 $\zeta>0$，则 $y_1$ 和 $y_2$ 将是实数，且

$$\lambda_i(t)=\frac{\varpi_i(0)\big(\exp(y_1t)-\exp(y_2t)\big)}{\sqrt{\zeta}} \tag{2.26}$$

这导致

$$\varpi_i(t)=\frac{\varpi_i(0)\big(y_1\exp(y_1t)-y_2\exp(y_2t)\big)}{\sqrt{\zeta}} \tag{2.27}$$

从中得出

$$\boldsymbol{\varpi}(t)=\frac{\boldsymbol{\varpi}(0)\big(y_1\exp(y_1t)-y_2\exp(y_2t)\big)}{\sqrt{\zeta}} \tag{2.28}$$

（2）如果 $\zeta=0$，则 $y_1=y_2=-\alpha\epsilon_i/2$。同样，有

$$\lambda_i(t)=t\varpi_i(0)\exp(y_1t) \tag{2.29}$$

进一步有

$$\varpi_i(t)=\varpi_i(0)\exp(y_1t)+y_1t\varpi_i(0)\exp(y_1t) \tag{2.30}$$

因此得到

$$\boldsymbol{\varpi}(t)=\boldsymbol{\varpi}(0)\big(\exp(y_1t)+y_1t\exp(y_1t)\big) \tag{2.31}$$

（3）当 $\zeta<0$ 时，$y_1$ 和 $y_2$ 是一对共轭复数，$y_1=\varsigma_1+\mathrm{i}\varsigma_2$ 和 $y_2=\varsigma_1-\mathrm{i}\varsigma_2$，其中 $\varsigma_1=-\alpha\epsilon_i/2$ 和 $\varsigma_2=\sqrt{-\zeta}/2$，且有

$$\lambda_i(t)=\frac{\varpi_i(0)\sin(\varsigma_2t)\exp(\varsigma_1t)}{\varsigma_2} \tag{2.32}$$

按照类似的方法，可以得到

$$\boldsymbol{\varpi}(t)=\boldsymbol{\varpi}(0)\exp(\varsigma_1t)\left(\frac{\varsigma_1\sin(\varsigma_2t)}{\varsigma_2}+\cos(\varsigma_2t)\right) \tag{2.33}$$

回顾以上三种情况，结合定理 2.2，可以得出 $\|\boldsymbol{\varpi}(t)\|_2$ 将以指数方式降为 0，由此推导出 GD-$k$WTA 网络模型式（2.20）指数收敛于 $k$-WTA 操作式（2.2）的理论输出，证明完成。

假设 GD-$k$WTA 网络模型式（2.20）的第 $i$ 个子系统可以写为二阶线性系统式（2.25），其收敛速度由特征根的位置决定。当 $\alpha^2\epsilon_i^2<4\beta$ 时，系统的特征根是位于左半平面的共轭复根，因此其收敛速率取决于 $\alpha$。也就是说，在 $\alpha^2\epsilon_i^2<4\beta$ 的条件下，$\alpha$ 应该尽可能大以使系统收敛得更快。同时，$\beta$ 的值越大，系统的鲁棒性

越强。

### 2.4.2 噪声环境下的收敛性能

本小节分别通过定理 2.4 和定理 2.5 考察 GD-$k$WTA 网络模型式（2.20）在恒定噪声和随机噪声情况下的收敛性能。

**定理 2.4** 当受到恒定噪声 $\boldsymbol{\xi}(t)=\boldsymbol{\eta}$ 干扰时，GD-$k$WTA 网络模型式（2.20）会收敛到 $k$-WTA 问题式（2.2）的理论输出。

**证明** 通过对 GD-$k$WTA 网络模型式（2.20）的第 $i$ 个子系统进行拉普拉斯变换，得到了一个带噪声的网络模型，即

$$s\varpi_i(s)-\varpi_i(0)=-\alpha\epsilon_i\varpi_i(s)-\frac{\beta\varpi_i(s)}{s}+\xi_i(s) \tag{2.34}$$

式中，$\varpi_i(s)$ 表示为

$$\varpi_i(s)=\frac{s(\varpi_i(0)+\xi_i(s))}{s^2+s\alpha\epsilon_i+\beta} \tag{2.35}$$

式中，$s/(s^2+s\alpha\epsilon_i+\beta)$ 表示传递函数，极点 $s_1=(-\alpha\epsilon_i+\sqrt{\zeta})/2$，$s_2=(-\alpha\epsilon_i-\sqrt{\zeta})/2$。通过分析可以发现，$s_1$ 和 $s_2$ 都位于左半平面，说明该系统是稳定的，并表明终值定理适用。因此，可以得到

$$\lim_{t\to\infty}\varpi_i(t)=\lim_{s\to 0}s\varpi_i(s) \tag{2.36}$$

假设 $\xi_i(t)=\eta_i$，则有 $\xi_i(s)=\eta_i/s$。经过计算可以得到

$$\lim_{s\to 0}s\varpi_i(s)=\lim_{s\to 0}\frac{s^2(\varpi_i(0)+\eta_i/s)}{s^2+s\alpha\epsilon_i+\beta}=0 \tag{2.37}$$

于是，有 $\lim_{t\to\infty}\|\boldsymbol{\varpi}(t)\|_2=0$，也就意味着 GD-$k$WTA 网络模型式（2.20）收敛于 $k$-WTA 问题式（2.2）的理论解，证明完成。

**定理 2.5** 在受到随机噪声 $\boldsymbol{\xi}(t)=\boldsymbol{\mu}(t)$ 干扰时，GD-$k$WTA 网络模型式（2.20）可以收敛到 $k$-WTA 问题式（2.2）的理论输出，其残差 $\|\boldsymbol{\varpi}(t)\|_2$ 的最大值 $\sup\|\boldsymbol{\varpi}(t)\|_2$ 被限定在 $2z\sqrt{3m+1}/\sqrt{\zeta}$（$\zeta>0$），或者 $4z\beta\sqrt{3m+1}/(\alpha\epsilon_i\sqrt{-\zeta})$（$\zeta<0$）范围内，其中 $z=\max_i\max_\tau|\mu_i(\tau)|$，$1\leqslant i\leqslant 3m+1$，$0\leqslant\tau\leqslant t$。

**证明** 带有随机噪声的 GD-$k$WTA 网络模型式（2.20）的第 $i$ 个子系统可重写为

$$\dot{\varpi}_i(t)=-\alpha\epsilon_i\varpi_i(t)-\beta\int_0^t\varpi_i(\delta)\mathrm{d}\delta+\mu_i(t) \tag{2.38}$$

为了研究 $\|\boldsymbol{\varpi}(t)\|_2$ 的值，讨论以下三种情况。

（1）如果 $\zeta>0$，则很容易推导出式（2.38）的解为

$$\varpi_i(t)=\frac{\varpi_i(0)(y_1\exp(y_1t)-y_2\exp(y_2t))}{y_1-y_2}+\frac{\left(\int_0^t(y_1\exp(y_1(t-\tau))-y_2\exp(y_2(t-\tau)))\times\mu_i(\tau)\mathrm{d}\tau\right)}{y_1-y_2} \tag{2.39}$$

根据三角不等式，进一步发展出以下不等式：

$$\begin{aligned}|\varpi_i(t)|\leqslant&\Big(|\varpi_i(0)(y_1\exp(y_1t)-y_2\exp(y_2t))|\\&+\left(\int_0^t|y_1\exp(y_1(t-\tau))||\mu_i(\tau)|\,\mathrm{d}\tau\right)\\&+\left(\int_0^t|y_1\exp(y_2(t-\tau))||\mu_i(\tau)|\,\mathrm{d}\tau\right)\Big)\\&\times\frac{1}{y_1-y_2}\end{aligned} \tag{2.40}$$

可以得到

$$\begin{aligned}|\varpi_i(t)|&\leqslant\frac{|\varpi_i(0)(y_1\exp(y_1t)-y_2\exp(y_2t))|}{y_1-y_2}+\frac{2\max_{0\leqslant\tau\leqslant t}|\mu_i(\tau)|}{y_1-y_2}\\&=\frac{|\varpi_i(0)(y_1\exp(y_1t)-y_2\exp(y_2t))|}{y_1-y_2}+2\max_{0\leqslant\tau\leqslant t}\frac{|\mu_i(\tau)|}{\sqrt{\zeta}}\end{aligned} \tag{2.41}$$

根据以上分析可以得出

$$\limsup_{t\to\infty}\|\boldsymbol{\varpi}(t)\|_2\leqslant\frac{2z\sqrt{3m+1}}{\sqrt{\zeta}} \tag{2.42}$$

（2）如果 $\zeta=0$，则采用与 $\zeta>0$ 相似的方法，于是有

$$\limsup_{t\to\infty}\|\boldsymbol{\varpi}(t)\|_2\leqslant z\sqrt{3m+1}\left(\frac{\jmath_1}{\jmath_2}-\frac{1}{y_1}\right) \tag{2.43}$$

式中，参数 $\jmath_1$ 和 $\jmath_2$ 满足的条件为 $|y_1|t\exp(y_1t)\leqslant\jmath_1\exp(-\jmath_2t)$。

（3）如果 $\zeta<0$，则采用与 $\zeta>0$ 相似的方法，于是有

$$\limsup_{t\to\infty}\|\boldsymbol{\varpi}(t)\|_2\leqslant\frac{4\beta z\sqrt{3m+1}}{\alpha\epsilon_i\sqrt{-\zeta}} \tag{2.44}$$

证明完成。

### 2.4.3 仿真实验

本小节提供一个数值实例，介绍利用所提出的 GD-$k$WTA 网络模型式(2.20)在不同环境中得出的仿真结果，并与给出的 G-$k$WTA 网络模型进行对比。

在本次仿真中，采用一个四维向量 $e_i(t)=\sin(0.25\pi(t+2i))(i=1,2,3,4)$ 作为 $k$-WTA 网络的输入。输入数量定义 $m=4$，胜者数量定义 $k=2$。对于 GD-$k$WTA 网络模

型式（2.20），参数设定 $\alpha=30$，$\beta=300$，$\hbar=0.7$；此外，整个执行时间 $T=10\text{s}$。接下来介绍在带噪声的环境中，所提出的模型在给定输入下的仿真结果，如图 2.1 所示。GD-$k$WTA 网络模型式（2.20）可以从四个时变输入中找到最大的两个元素，其相应的输出值为1。该结果与 $k$-WTA 操作式（2.2）的定义相一致，这意味着GD-$k$WTA 网络模型式(2.20)在零噪声环境中求解 $k$-WTA 问题是可行和有效的，如图 2.1（a）所示。从图 2.1（b）可以看出，当受到恒定噪声干扰时，GD-$k$WTA 网络模型式（2.20）仍然可以在短时间内成功完成选择任务并保证足够的准确性，表明 GD-$k$WTA 网络模型式（2.20）能够很好地抑制恒定噪声。与恒定噪声下的结果相似，GD-$k$WTA 网络模型式（2.20）也可以在随机噪声的干扰下进行正确选择，如图 2.1（c）所示。也就是说，GD-$k$WTA 网络模型式（2.20）具有抑制随机噪声的能力。如图 2.1（d）所示，理论输出和实际输出之间的残差很小。

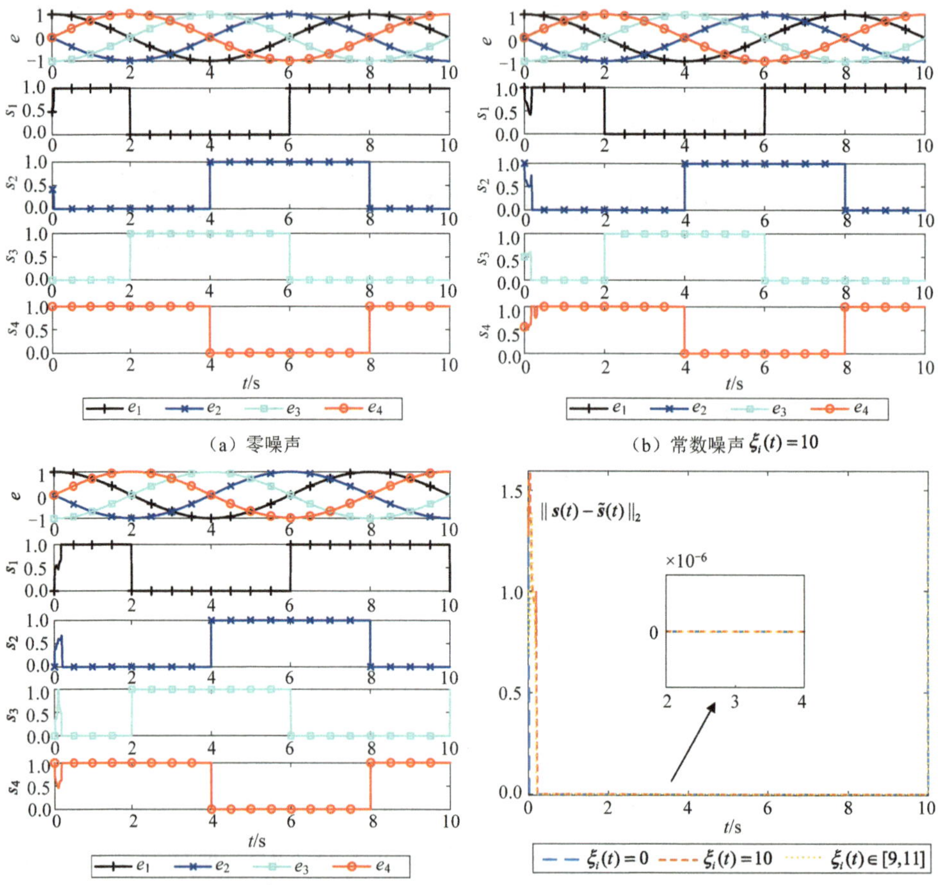


（a）零噪声　（b）常数噪声 $\xi_i(t)=10$

（c）随机噪声 $\xi_i(t)\in[9,11]$　（d）残差

图 2.1　GD-$k$WTA 网络模型式（2.20）求解 $k$-WTA 问题式（2.2）的仿真结果

图 2.2 显示了在不同噪声条件下 G-$k$WTA 网络模型式（2.7）的输出曲线。如图 2.2（a）所示，当输入的大小顺序改变时，系统需要一段时间才能产生正确的输出。在图 2.2（b）和（c）中，G-$k$WTA 网络模型式（2.7）无法保证实时性，也无法使两个最大值的输出为1，最小值的输出为0。这些结果表明，G-$k$WTA 网络模型式（2.7）在实时处理和噪声抑制方面较弱。简言之，本小节的仿真结果揭示了 GD-$k$WTA 网络模型式（2.20）优于 G-$k$WTA 网络模型式（2.7）的事实。

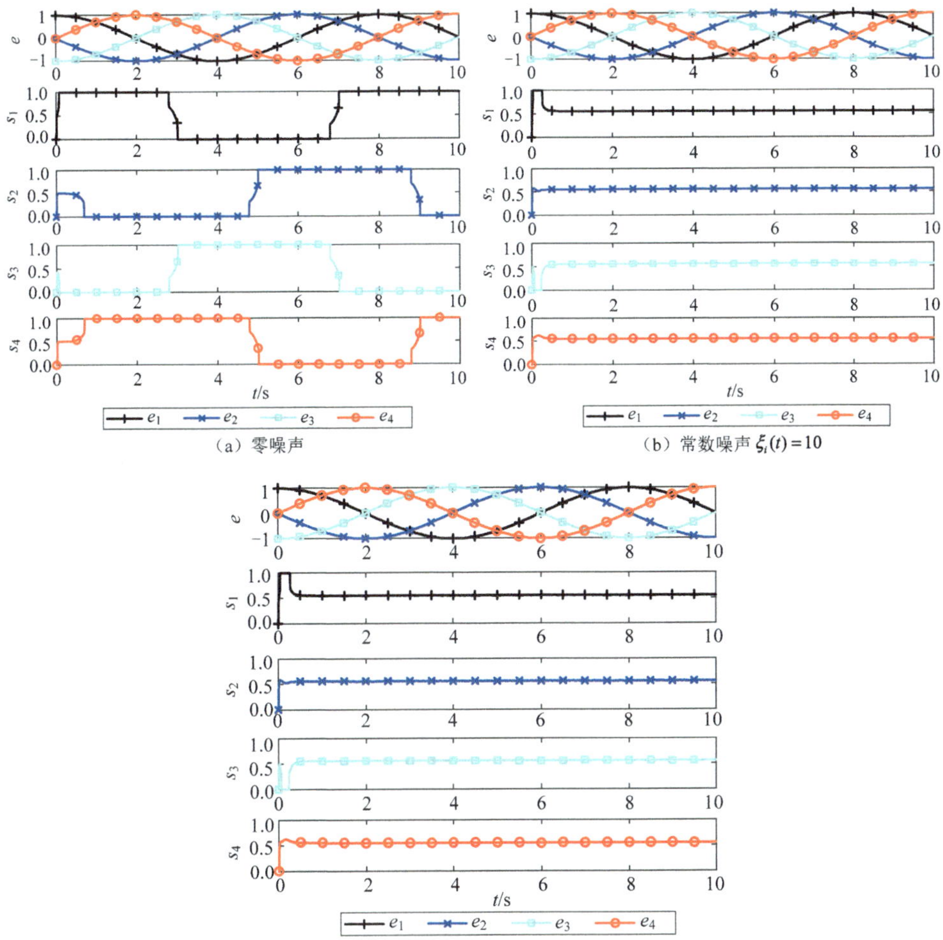


（a）零噪声　（b）常数噪声 $\xi_i(t)=10$

（c）随机噪声 $\xi_i(t)\in[9,11]$

图 2.2　G-$k$WTA 网络模型式（2.7）求解 $k$-WTA 问题式（2.2）的输出 $s(t)$

## 2.5　多机器人竞争式协同

本节将 GD-$k$WTA 网络模型式（2.20）作为一种竞争模型，设计协同控制策略，用于在多机器人系统中执行目标跟踪任务。为验证控制策略的可行性，分别在 MATLAB 平台和 E-puck2 平台上开展实验。

### 2.5.1 多机器人竞争行为的建模

针对多机器人系统，给定 $m$ 个机器人，每个机器人的位置定义为 $\boldsymbol{\theta}_i \in \mathbb{R}^2$，其中 $i=1,2,\cdots,m$。需要注意的是，$\boldsymbol{\theta}_i$ 是一个二维向量，其中两个元素分别表示第 $i$ 个机器人的 $X$ 轴坐标和 $Y$ 轴坐标。此外，目标机器人的位置定义为 $\boldsymbol{\theta}_0 \in \mathbb{R}^2$。因此，可以定义一个变量来描述第 $i$ 个机器人和目标之间的距离，表示如下：

$$\varepsilon_i(t) = -\| \boldsymbol{\theta}_i(t) - \boldsymbol{\theta}_0(t) \|_2$$

以距离 $\varepsilon_i(t)$ 作为输入，即 $\boldsymbol{\varepsilon}(t) = \boldsymbol{e}(t)$，多机器人系统中的竞争反映了一组机器人中赢家的选择，这可以被描述为一个 $k$-WTA 问题。在数学领域中，这个问题可以表示为

$$s_i(t) = f(\varepsilon_i(t)) = \begin{cases} 1, & \varepsilon_i(t) \in K \\ 0, & \varepsilon_i(t) \notin K \end{cases} \tag{2.45}$$

式中，$K$ 是距离目标机器人最近的 $k$ 个机器人的集合；$s_i(t)$ 对应于 $k$-WTA 问题输出向量 $\boldsymbol{s}(t) \in \mathbb{R}^m$ 的第 $i$ 个元素。式（2.45）可用于识别赢家，这些赢家随后协作完成给定的任务。第 $i$ 个机器人的速度受其与目标之间的距离的影响，即

$$\dot{\boldsymbol{\theta}}_i(t) = e s_i(t) \frac{\boldsymbol{\theta}_i(t) - \boldsymbol{\theta}_0(t)}{\varepsilon_i(t)} \tag{2.46}$$

式中，$e > 0 \in \mathbb{R}$ 为常数，用于控制机器人的速度；$s_i(t)$ 是 $k$-WTA 问题式（2.2）的输出，用作赢家选择工具。具体来说，如果 $s_i(t) = 1$，则第 $i$ 个机器人可以以 $\dot{\boldsymbol{\theta}}_i(t)$ m/s 的速度移动；如果 $s_i(t) = 0$，则第 $i$ 个机器人保持静止。$(\boldsymbol{\theta}_i(t) - \boldsymbol{\theta}_0(t)) / \varepsilon_i(t)$ 决定了速度 $\dot{\boldsymbol{\theta}}_i(t)$ 的方向。

通过将上述方程与 GD-$k$WTA 网络模型式（2.20）相结合，得到机器人的控制律，即

$$\begin{cases} \varrho(t) = \boldsymbol{Q}^{-1}(t)\Big(-\alpha \boldsymbol{Q}(t)\boldsymbol{Q}^{\mathrm{T}}(t)\big(\boldsymbol{S}\varrho(t) + \boldsymbol{g}(\varrho(t),t)\big) \\ \qquad -\beta \int_0^t \big(\boldsymbol{S}\varrho(\delta) + \boldsymbol{g}(\varrho(\delta),\delta)\big)\mathrm{d}\delta + \boldsymbol{l}(t) + \boldsymbol{\xi}(t)\Big) \\ s_i(t) = H_1(\varrho_i(t)) \quad (i = 1,2,\cdots,m) \\ \dot{\boldsymbol{\theta}}_i(t) = e s_i(t)\big(\boldsymbol{\theta}_i(t) - \boldsymbol{\theta}_0(t)\big) / \varepsilon_i(t) \end{cases} \tag{2.47}$$

基于此，给出算法 1 来描述多个机器人的协同控制。

---

**算法 1**　多机器人协同

**输入：** 每个机器人到移动目标的距离 $\varepsilon_i(t)$。

**输出：** 每个机器人的实时位置。

当 $t<T$;

根据已知参数，计算 $\boldsymbol{Q}(t)$、$\boldsymbol{S}$ 和 $\boldsymbol{g}(\boldsymbol{\varrho}(t),t)$ 的值;

计算 GD-$k$WTA 模型的输出 $\varrho_i(t)$、$s_i(t)$，并借助控制律，计算每个机器人的速度 $\dot{\boldsymbol{\theta}}_i(t)$;

根据 $\dot{\boldsymbol{\theta}}_i(t)$ 和 $\dot{\boldsymbol{\theta}}_0(t)$，更新机器人的位置 $\boldsymbol{\theta}_i(t)$ 和目标位置 $\boldsymbol{\theta}_0(t)$;

更新时间 $t$;

结束。

---

### 2.5.2　仿真实验

本小节介绍多机器人协同的一个具体例子，使用 MATLAB 平台进行仿真。具体而言，定义一个移动目标并分配一个速度 $\boldsymbol{c}(t)=4(\exp(-t)\boldsymbol{\theta}_0(t)/\|\boldsymbol{\theta}_0(t)\|_2)$ m/s。设定 10 个机器人 $(m=10)$ 的速度为 $\dot{\boldsymbol{\theta}}_i(t)=7s_i(t)(\boldsymbol{\theta}_i(t)-\boldsymbol{\theta}_0(t))/\varepsilon_i(t)$ m/s，跟踪移动的目标，只有距离目标最近的三个机器人（$k=3$）被激活作为赢家移动。所有机器人在一个 10m×10m 的区域内随机分布。执行时间设置为 $T=10$ s，系统中的其他参数设置为 $\alpha=100$，$\beta=300$，$\hbar=0.7$ 和 $c=6$。基于所给定的条件和参数进行仿真，并在图 2.3 和图 2.4 中呈现相应的结果。

图 2.3 展示了机器人和移动目标的运动轨迹。如图 2.3（a）所示，在 $t-0$ 时，机器人和给定的目标随机分布在各处。图 2.3（b）显示了在替换之前 $t=0.8$s 的快照，从中可以发现，距离目标最近的三个机器人获胜并被允许跟踪移动的目标。随着时间的推移，如图 2.3（c）所示，其中一个赢家被替换并因此保持静止。新选择的赢家开始接近目标机器人。最后，在 $t=7$s 时，通过成功追赶目标机器人完成任务。

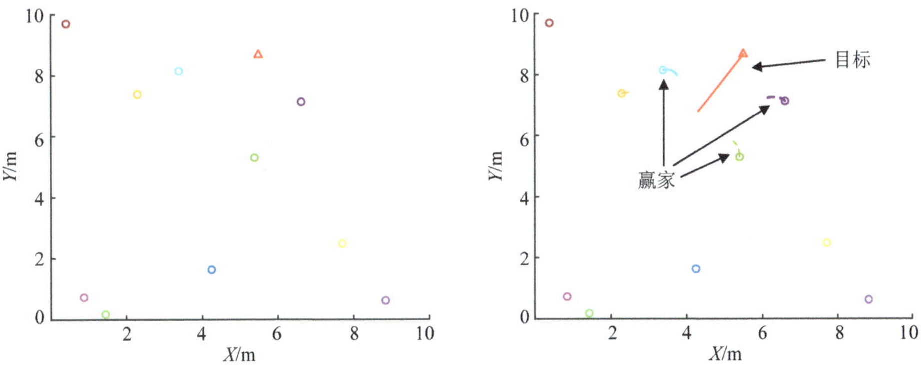


（a）$t=0$的轨迹　　（b）$t=0.8$s的轨迹

图 2.3　机器人和移动目标的运动轨迹

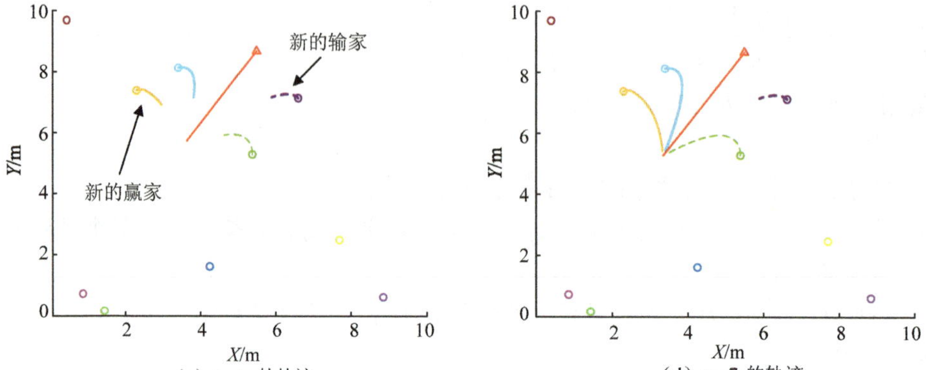


（c）$t = 2$s的轨迹　　（d）$t = 7$s的轨迹

图 2.3（续）

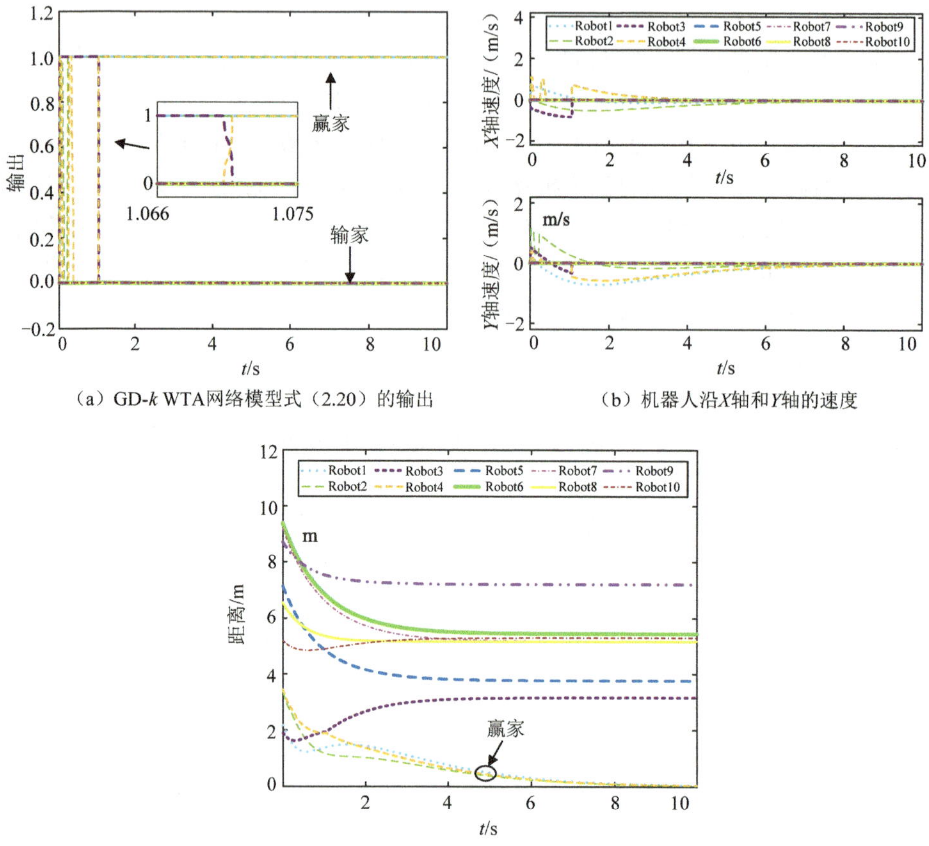


（a）GD-$k$ WTA网络模型式（2.20）的输出　　（b）机器人沿$X$轴和$Y$轴的速度

（c）机器人与目标之间的距离

图 2.4　零噪声条件下，10 个机器人基于 GD-$k$ WTA 网络模型式（2.20）追踪移动目标的仿真结果

从图 2.4（a）中可以看出，GD-$k$WTA 网络模型式（2.20）可以准确地输出相应的结果，即赢家输出 1，输家输出 0。此外，当赢家更新时，网络模型可以快速从 1 切换到 0（也可以从 0 切换到 1）。图 2.4（b）显示了机器人在 $X$ 轴和 $Y$ 轴方向上的速度。输家保持速度为 0，而赢家的速度在逐渐减小，当其完成任务时速度为 0。图 2.4（c）显示了每个机器人与目标之间的实时距离，对于三个赢家来说呈递减趋势。此外，可以看出在 $t$=1.07s 时，由于机器人与目标的距离发生变化，其中一个赢家从 Robot3 更新为 Robot4。

使用相同的参数，恒定噪声下的仿真结果如图 2.5 所示。从图 2.5（a）可以看出，GD-$k$WTA 网络模型式（2.20）的输出在短时间间隔内保持稳定。在图 2.5（b）中，所有机器人的速度在 9s 左右达到 0，表明机器人在约 9s 内完成了跟踪任务，这在图 2.5（c）中也得到了验证。在图 2.5（d）中，三个获胜机器人和目标的轨迹在（4.05,3.45）处重合，表明目标在此位置被成功追踪上。

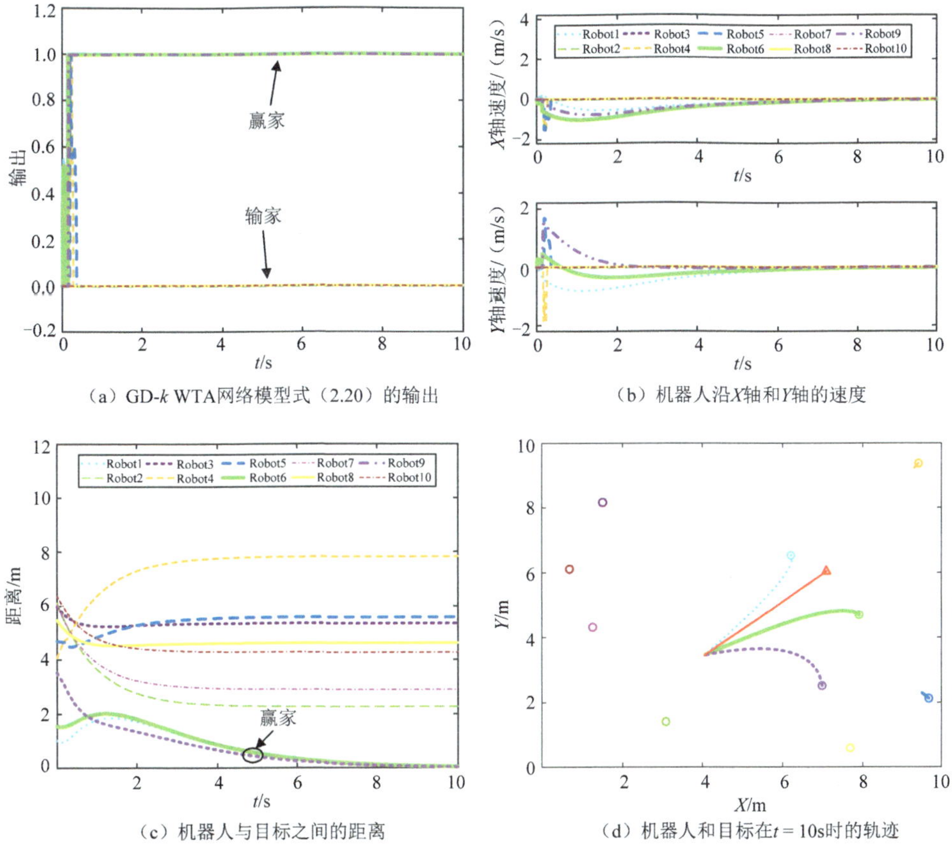


（a）GD-$k$ WTA网络模型式（2.20）的输出　（b）机器人沿$X$轴和$Y$轴的速度

（c）机器人与目标之间的距离　（d）机器人和目标在$t$ = 10s时的轨迹

图 2.5　受恒定噪声干扰时，10 个机器人基于 GD-$k$WTA 网络模型式（2.20）追踪移动目标的仿真结果

### 2.5.3 在 E-puck2 平台上的应用

为了直观展示结果，本小节的实验在一个 1.4m×0.9m 的 E-puck2 微型地面群体智能协作系统上进行。在实验中，所有通信都在主机上进行，并使用 2.4 GHz 无线信号使机器人与主机进行通信。采用六个 E-puck2 机器人（直径 70mm×高度 45mm），其中一个被设定为目标，其余五个分配跟踪任务（包括两个赢家）。机器人的速度设置为$1.2s_i(t)(\boldsymbol{\theta}_i(t)-\boldsymbol{\theta}_0(t))/\varepsilon_i(t)$ m/s，目标速度设置为$\exp(-t)\boldsymbol{\theta}_0(t)/\|\boldsymbol{\theta}_0(t)\|_2$ m/s，其余参数与 2.5.2 小节保持一致。图 2.6 所示为执行任务期间 E-puck2 机器人的六张快照。整个过程的分析与前一小节类似。随着时间的推移，目标不断移动，被激活的机器人跟随其后，最终在$t=3$s 时完成跟踪任务。因此，再次证明了 GD-$k$WTA 网络模型式（2.20）的可行性和有效性。

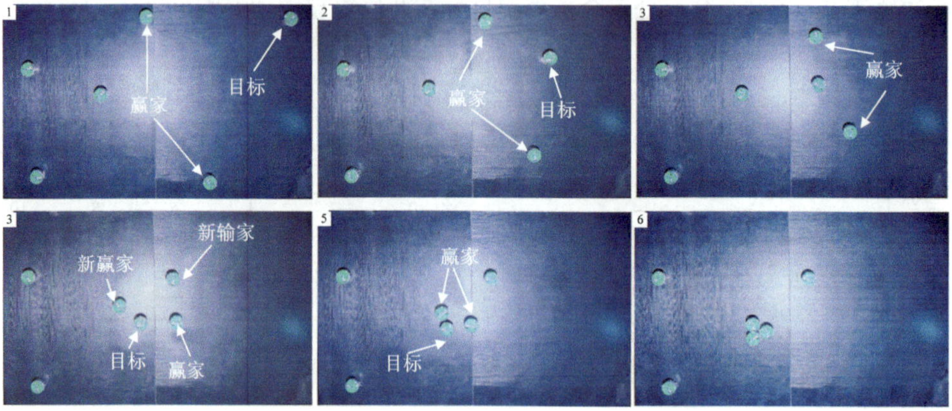


图 2.6 执行任务期间 E-puck2 机器人的六张快照

## 2.6 本 章 小 结

本章设计了一种 GD-$k$WTA 网络模型来求解$k$-WTA 问题，并对该模型进行了深入研究。本章提出五个定理，分别从理论层面说明模型的收敛性和鲁棒性。具体来讲，在没有噪声的情况下，GD-$k$WTA 网络模型可以以指数级的速率收敛到零。在存在恒定噪声和随机噪声干扰的情况下，GD-$k$WTA 网络模型也可以有效地抑制噪声。通过在 MATLAB 平台上对 GD-$k$WTA 网络模型进行数值仿真，验证了 GD-$k$WTA 网络模型的优越性和鲁棒性。此外，在 E-puck2 机器人平台上，GD-$k$WTA 网络模型也被成功地应用于多个机器人的竞争行为建模上，以实时分配任务并执行目标跟踪任务，进一步展示了 GD-$k$WTA 网络模型的实用性和有效性。

# 第3章　模糊赢者通吃网络模型及在多机器人协同中的应用

## 3.1　引　　言

模糊系统是由美国加利福尼亚大学伯克利分校的 Zadeh[72]首先提出的，它是基于模糊逻辑和模糊推理推导出来的。模糊系统的主要特征是它不依赖精确的数学模型。相反，它是一个基于模糊规则和语言策略的估计器，借助经验基础定义了从输入空间到输出空间的映射[73]。模糊逻辑系统的特点使其在 Rossler 混沌系统[74-75]、深度学习[76]、滑模控制[77-79]等多个领域得到重视和广泛应用。在文献[80]中，通过利用模糊逻辑对未知函数建模，提出了一种处理非线性反馈系统跟踪的有限时间控制策略，并证明了该策略的有效性。在文献[81]中，以模糊系统为基础，提出了一种鲁棒自适应模糊控制方案，该方案具有显著的效果。众所周知，在神经网络的设计过程中，收敛参数扮演了关键角色[82-83]。然而，收敛参数的选择通常是一个难点，特别是在动态变化的系统中。通常情况下，模型需要在参数的大小之间取得平衡，以确保其能够以所需的精度水平进行收敛，同时避免出现不稳定和振荡等问题，以保证推广性能[84-85]。为了应对这一挑战，必须对收敛参数进行系统调节。模糊系统提供了一种基于经验信息做出决策的机制，是应对该问题的一种有效方法[86-87]。具体而言，模糊参数的使用使得对神经网络的研究不完全依赖于系统的精确描述，它可以弥补参数选择的局限性，并为选择在收敛性能和稳定性能之间达成一致的参数值提供了一个系统性的方法[88-89]。因此，在设计神经网络时，使用模糊系统方法来选择合适的收敛参数是明智之选。近年来，神经网络与模糊系统的结合得到了发展。例如，在文献[90]中，为了减小机械臂的关节误差，构造了一个模糊 RNN，并给出了相应的理论分析以说明其可行性。Mai 和 Wang[91]利用基于模糊系统的神经网络来处理移动机器人的运动/力控制，从而完成高精度的跟踪任务。类似地，$k$-WTA 网络模型也面临参数选择的挑战。也就是说，目前还缺乏具有自适应参数的 $k$-WTA 网络来处理时变 $k$-WTA 问题，这是本章研究的灵感所在。

基于上述分析，本章提出一种 F-$k$WTA 网络模型。相比现有网络算法，F-$k$WTA 网络模型能够根据残差自适应地更新收敛参数以调整网络状态，并将参数调节在合理范围内，避免出现收敛参数过高的问题。此外，通过定义适当的模糊规则，可以合理地解释操作复杂性和模糊性等因素对参数变化的影响。最重要的是，应用模糊系统可以提高模型的收敛性能。为了进一步提高收敛速度并放宽激活函数映射集的凸限制，F-$k$WTA 网络模型采用了幂-S 函数和非凸函数。

## 3.2 问题与方案构建

本节通过设计公式和误差函数引入恒定参数的$k$-WTA（constant-parameter $k$ WTA，C-$k$WTA）网络模型，并利用模糊控制策略构建 F-$k$WTA 网络模型。此外，本节通过引入不同的激活函数来进一步增强模型的性能。

### 3.2.1 C-$k$WTA 模型

在前述章节中，定义了$k$-WTA 问题式（2.1），将其等价为式（2.5），并在此基础上定义了一个误差函数$\boldsymbol{\varpi}(t)=\boldsymbol{S}\boldsymbol{\varrho}(t)+\boldsymbol{g}(t)$。

在本节中，为了使误差为零，可将其应用到一个新的设计公式中，即$\dot{\boldsymbol{\varpi}}(t)=-\alpha\mathcal{P}_{\Omega}(\boldsymbol{\varpi}(t))$，其中，$\alpha\in\mathbb{R}>0$ 用于控制收敛速度；$\mathcal{P}_{\Omega}(\boldsymbol{\varpi}(t))=\operatorname{argmin}_{\omega\in\Omega}\|\boldsymbol{\varpi}(t)-\boldsymbol{\omega}\|_2$ 是一个激活函数，它定义了从$\boldsymbol{\varpi}$ 到集合 $\Omega$ 的投影。于是有

$$\boldsymbol{S}(t)\dot{\boldsymbol{\varrho}}(t)=-\alpha\mathcal{P}_{\Omega}(\boldsymbol{S}\boldsymbol{\varrho}(t)+\boldsymbol{g}(t))-\dot{\boldsymbol{S}}(t)\boldsymbol{\varrho}(t)-\dot{\boldsymbol{g}}(t) \tag{3.1}$$

为便于计算，有必要将上述方程转换为如下形式：

$$\boldsymbol{Q}(t)\dot{\boldsymbol{\varrho}}(t)=-\alpha\mathcal{P}_{\Omega}(\boldsymbol{S}\boldsymbol{\varrho}(t)+\boldsymbol{g}(t))+\boldsymbol{l}(t) \tag{3.2}$$

至此，就得到了 C-$k$WTA 网络模型。

### 3.2.2 模糊控制策略

如前所述，用于解决$k$-WTA 问题的网络模型式（3.2）的参数是固定的，无法根据系统状态进行可适应调节。为了克服该缺陷，考虑使用一个模糊参数来替换它，该参数来自模糊逻辑系统。

模糊逻辑控制的结构如图 3.1 所示。一般而言，模糊控制策略通常分为三个步骤：模糊化、模糊推理和去模糊化。在本节中，模糊系统的输入与残差$\|\boldsymbol{\varpi}(t)\|_2$ 直接相关，相应的输出 $\jmath$ 表示期望得到的模糊参数。

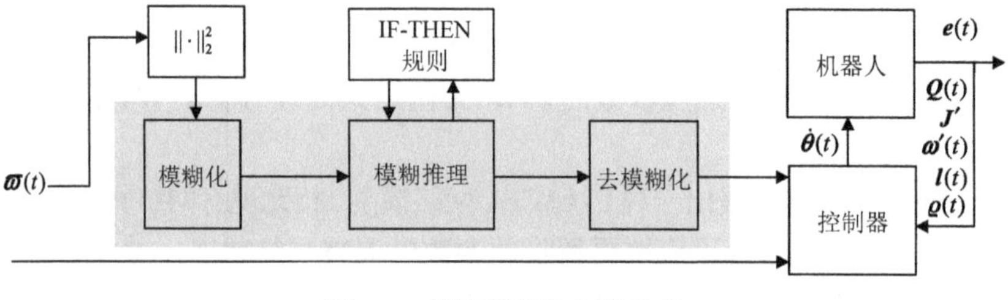


图 3.1 模糊逻辑控制的结构

（1）模糊化：模糊化是将输入变量 $x$ 的值通过隶属度函数转换为模糊输入子集 $X$ 的过程。本章将 S 形隶属函数、Z 形隶属函数和广义的钟形隶属函数这三种函数应用于模糊控制系统，其结果如图 3.2（a）所示。

（2）模糊推理：模糊推理是指用 IF-THEN 规则来联系输入集 $X$ 和输出集 $O$ 以实现控制需求的技术，本章采用以下五条规则。

① $R_1$：如果 $X=\text{ZO}$，则 $O=\text{ZO}$；

② $R_2$：如果 $X=\text{PS}$，则 $O=\text{PS}$；

③ $R_3$：如果 $X=\text{PM}$，则 $O=\text{PM}$；

④ $R_4$：如果 $X=\text{PB}$，则 $O=\text{PB}$；

⑤ $R_5$：如果 $X=\text{PL}$，则 $O=\text{PL}$。

其中，ZO、PS、PM、PB、PL 分别是零（zero）、正小（positive small）、正中（positive medium）、正大（positive big）、巨大（positive large）的缩写。

（3）去模糊化：去模糊化是将产生的模糊输出转换为精确的控制值。借助图 3.2（b）中的隶属度函数和质心方法，可得到参数 $\jmath$ 的值。

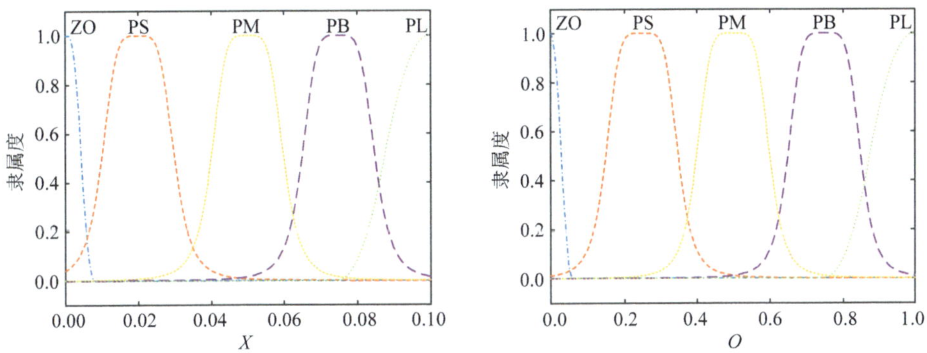


（a）模糊系统的输入子集　　（b）模糊系统的输出子集

图 3.2　模糊系统的隶属函数

### 3.2.3　F-$k$WTA 网络模型

结合模糊系统，用于设计 F-$k$WTA 网络模型的公式可以重写为

$$\boldsymbol{\varpi}(t)=-(\alpha+\beta^{\jmath})\mathcal{P}_{\Omega}(\boldsymbol{\varpi}(t))$$

式中，$\beta\in\mathbb{R}>0$ 是一个缩放参数；$0<\jmath\in\mathbb{R}<1$ 是从模糊逻辑系统中导出的模糊控制值。因此，F-$k$WTA 网络模型可以表示为

$$\boldsymbol{S}(t)\dot{\boldsymbol{\varrho}}(t)=-(\alpha+\beta^{\jmath})\mathcal{P}_{\Omega}(\boldsymbol{S}\boldsymbol{\varrho}(t)+\boldsymbol{g}(t))-\dot{\boldsymbol{S}}(t)\boldsymbol{\varrho}(t)-\dot{\boldsymbol{g}}(t) \tag{3.3}$$

使用类似前面的方法，此方程可以重新转换为

$$\boldsymbol{Q}(t)\dot{\boldsymbol{\varrho}}(t)=-(\alpha+\beta^{\jmath})\mathcal{P}_{\Omega}(\boldsymbol{S}\boldsymbol{\varrho}(t)+\boldsymbol{g}(t))+\boldsymbol{l}(t) \tag{3.4}$$

许多现有的激活函数可以被应用在模型式(3.4)中。本章主要研究以下三个。

（1）线性激活函数，表示如下：

$$\mathcal{P}_l(\varkappa_i)=\varkappa_i$$

（2）幂-S 激活函数，表示如下：

$$\mathcal{P}_{\text{ps}}(\varkappa_i)=\begin{cases}\dfrac{1+\exp^{-\kappa}}{1-\exp^{-\kappa}}\cdot\dfrac{1-\exp^{-\kappa\varkappa_i}}{1+\exp^{-\kappa\varkappa_i}}, & |\varkappa_i|<1\\ \varkappa_i^{\tau}, & |\varkappa_i|\geqslant 1\end{cases}$$

式中，$\kappa\in\mathbb{R}>0$；$\tau\in\mathbb{R}>0$。

（3）非凸激活函数，表示如下：

$$\mathcal{P}_n(\varkappa_i)=\begin{cases}\eta_5, & \varkappa_i\leqslant\eta_1\\ \eta_2, & \eta_1<\varkappa_i\leqslant\eta_2\\ \varkappa_i, & \eta_2<\varkappa_i\leqslant\eta_3\\ \eta_3, & \eta_3<\varkappa_i\leqslant\eta_4\\ \eta_6, & \varkappa_i>\eta_4\end{cases}$$

式中，$\eta_1\in\mathbb{R}<0$；$\eta_2\in\mathbb{R}<0$；$\eta_3\in\mathbb{R}>0$；$\eta_4\in\mathbb{R}>0$；$\eta_5\in\mathbb{R}<0$；$\eta_6\in\mathbb{R}>0$。

与另外两个激活函数不同，非凸激活函数的投影集 $\Omega=\varkappa\in\mathbb{R}^m$，$\eta_2\leqslant\varkappa_i\leqslant\eta_3$ 或 $\varkappa_i=\eta_5$ 或 $\varkappa_i=\eta_6$，它们的投影集为 $\Omega=\varkappa\in\mathbb{R}^m$。

**注：** 工业领域中的继电控制（又称 bang-bang 控制）通常需要三个输入，即最大输入 $\eta_6$、最小输入 $\eta_5$ 和输入 0。因此，硬限制激活函数可以被认为是 bang-bang 控制中的常见方法。在本章中，为了防止振荡并提高性能，零输入可以扩展到 $[\eta_2,\eta_3]$ 范围内，于是有了非凸激活函数中 $\Omega$ 的定义。

## 3.3 理论分析与结果

本节主要使用上述三种激活函数阵列对 F-$k$WTA 网络模型式（3.4）的收敛性进行理论分析。

**定理 3.1** F-$k$WTA 网络模型式（3.4）的状态向量 $\boldsymbol{\varrho}(t)$，从随机生成的初值 $\boldsymbol{\varrho}(0)$ 开始，全局收敛于式（3.4）的理论解，$\boldsymbol{\varrho}(t)$ 的前 $m$ 个元素构成 $k$-WTA 问题式（2.1）的最优解。

**证明** 首先给出一个 Lyapunov 函数以进行后续证明：

$$L(t)=\frac{\boldsymbol{\varpi}^{\mathrm{T}}(t)\boldsymbol{\varpi}(t)}{2}\geqslant 0 \tag{3.5}$$

其时间导数可计算为

$$\dot{L}(t)=\boldsymbol{\varpi}^{\mathrm{T}}(t)\dot{\boldsymbol{\varpi}}(t)$$
$$=-(\alpha+\beta^{\jmath})\boldsymbol{\varpi}^{\mathrm{T}}(t)\mathcal{P}_{\Omega}(\boldsymbol{\varpi}(t)) \tag{3.6}$$

根据 $\mathcal{P}_{\Omega}(\cdot)$ 的定义，推导出

$$\|\mathcal{P}_{\Omega}(\boldsymbol{\varpi}(t))-\boldsymbol{\varpi}(t)\|_2^2\leqslant\|\omega-\boldsymbol{\varpi}(t)\|_2^2,\quad\forall\omega\in\Omega \tag{3.7}$$

式中，$\omega$ 的值可以任意设置。因此，为方便起见，将其赋值为 $\boldsymbol{0}$，从而得到以下不等式：

$$\|\mathcal{P}_{\Omega}(\boldsymbol{\varpi}(t))-\boldsymbol{\varpi}(t)\|_2^2\leqslant\|\boldsymbol{\varpi}(t)\|_2^2 \tag{3.8}$$

通过适当地调整和重构上述方程，可以得到

$$2\mathcal{P}_{\Omega}^{\mathrm{T}}(\boldsymbol{\varpi}(t))\boldsymbol{\varpi}(t)\geqslant\mathcal{P}_{\Omega}^{\mathrm{T}}(\boldsymbol{\varpi}(t))\mathcal{P}_{\Omega}(\boldsymbol{\varpi}(t))\geqslant 0 \tag{3.9}$$

可得

$$\dot{L}(t)\leqslant 0 \tag{3.10}$$

基于 Lyapunov 稳定性定理，式（3.5）和式（3.10）可以确保误差 $\boldsymbol{\varpi}(t)$ 全局收敛于 $\boldsymbol{0}$。综上所述，状态向量 $\boldsymbol{\varrho}(t)$ 全局收敛于式（2.5）的理论解，因此 $k$-WTA 问题式（2.1）的解随之得到，证明完成。

**定理 3.2**　如果在 F-$k$WTA 网络模型式（3.4）中使用线性函数阵列，则它可以以指数方式收敛，收敛速率为 $(\alpha+\beta^{\jmath})$。

**证明**　F-$k$WTA 网络模型式（3.4）的紧凑形式可写为

$$\dot{\boldsymbol{\varpi}}(t)=-(\alpha+\beta^{\jmath})\mathcal{P}_{\Omega}(\boldsymbol{\varpi}(t))=-(\alpha+\beta^{\jmath})\mathcal{P}_{l}(\boldsymbol{\varpi}(t))$$

这可以分解为 $3m+1$ 个微分方程，即

$$\dot{\varpi}_i(t)=-(\alpha+\beta^{\jmath})\mathcal{P}_{l}(\varpi_i(t)) \tag{3.11}$$

根据 $\mathcal{P}_{l}(\cdot)$ 的定义，有

$$\dot{\varpi}_i(t)=-(\alpha+\beta^{\jmath})\varpi_i(t) \tag{3.12}$$

从中可以推导出

$$\varpi_i(t)=\exp^{-(\alpha+\beta^{\jmath})t}\varpi_i(0) \tag{3.13}$$

通过观察上述公式，可以清楚地看出，利用线性激活函数的 F-$k$WTA 网络模型式（3.4）具有指数级的收敛速率 $(\alpha+\beta^{\jmath})$，证明完成。

**定理 3.3**　如果在 F-$k$WTA 网络模型式（3.4）中使用幂-S 激活函数阵列，则状态向量 $\boldsymbol{\varrho}(t)$ 从随机生成的初值 $\boldsymbol{\varrho}(0)$ 开始全局收敛于式（2.5）的理论解，$\boldsymbol{\varrho}(t)$ 的前 $m$ 个元素构成 $k$-WTA 问题式（2.1）的最优解。与线性激活函数阵列相比，该方法具有更好的收敛性能。

**证明**　按照与定理3.1相同的方法，定义一个 Lyapunov 函数 $L_{\mathrm{ps}}(t)=\|\boldsymbol{\varpi}(t)\|_2/2$，并给出其时间导数，即

$$\begin{aligned}\dot{L}_{\mathrm{ps}}(t)&=\boldsymbol{\varpi}^{\mathrm{T}}(t)\dot{\boldsymbol{\varpi}}(t)\\&=-(\alpha+\beta^{\jmath})\boldsymbol{\varpi}^{\mathrm{T}}(t)\mathcal{P}_{\mathrm{ps}}(\mathrm{v}(t))\\&=-(\alpha+\beta^{\jmath})\sum_{i=1}^{3m+1}\varpi_i^{\tau+1}(t)\end{aligned}\tag{3.14}$$

为了完成分析，根据$|\varpi_i(t)|$的范围讨论以下两种情况。

（1）当$|\varpi_i(t)|\geqslant1$时，使用幂-S 函数$\mathcal{P}_{\mathrm{ps}}(\varkappa)=\varkappa^{\tau}$，因此可以得到以下结果：

$$\dot{L}_{\mathrm{ps}}(t)\begin{cases}=-(\alpha+\beta^{\jmath})\sum_{i=1}^{3m+1}\varpi_i^2(t), & \forall|\varpi_i(t)|=1\\<-(\alpha+\beta^{\jmath})\sum_{i=1}^{3m+1}\varpi_i^2(t), & \exists|\varpi_i(t)|>1\end{cases}$$

$$=\begin{cases}-(\alpha+\beta^{\jmath})\sum_{i=1}^{3m+1}\varpi_i(t)\mathcal{P}_l(\varpi_i(t)), & \forall|\varpi_i(t)|=1\\-(\alpha+\beta^{\jmath})\sum_{i=1}^{3m+1}\varpi_i(t)\mathcal{P}_l(\varpi_i(t)), & \exists|\varpi_i(t)|>1\end{cases}$$

$$=\begin{cases}\dot{L}_l(t), & \forall|\varpi_i(t)|=1\\\dot{L}_l(t), & \exists|\varpi_i(t)|>1\end{cases}$$

式中，$\dot{L}_l(t)$表示由线性函数激活的 Lyapunov 函数。通过利用$|\varpi_i(t)|\geqslant1$情况下的幂-S 函数，可以得到$\dot{L}_{\mathrm{ps}}(t)$的值，并由此推导出 F-$k$WTA 网络模型式（3.4）可以获得比利用线性函数更好的收敛性能。

（2）在$|\varpi_i(t)|<1$的情况下，使用幂-S 函数。回顾 Lyapunov 候选函数并利用式（3.14），可以得出以下结论：

$$\begin{aligned}\dot{L}_{\mathrm{ps}}(t)&=-(\alpha+\beta^{\jmath})\sum_{i=1}^{3m+1}\varpi_i(t)\mathcal{P}_{\mathrm{ps}}(\varpi_i(t))\\&<-(\alpha+\beta^{\jmath})\sum_{i=1}^{3m+1}\varpi_i^2(t)\\&=-(\alpha+\beta^{\jmath})\sum_{i=1}^{3m+1}\varpi_i(t)\mathcal{P}_l(\varpi_i(t))\\&=\dot{L}_l(t),\quad\forall|\varpi_i(t)|<1\end{aligned}\tag{3.15}$$

这就表明在$|\varpi_i(t)|<1$的情况下，对于 F-$k$WTA 网络模型式（3.4），使用幂-S 激活函数阵列比使用线性激活函数阵列具有更好的收敛性能。

通过对上述两种情况的分析，可以得出以下结论，即使用幂-S 激活函数有助于 F-$k$WTA 网络模型式（3.4）获得更好的收敛性能。证明完成。

# 3.4　仿真实验与结果分析

本节通过仿真评估不同激活函数在所提出的网络模型式（3.4）上的有效性，通过与 C-$k$WTA 网络模型式（3.2）对比验证模糊参数的有效性。此外，展示 F-$k$WTA 网络模型式（3.4）如何实际应用于多机器人系统中的目标跟踪。

## 3.4.1　数值示例

在本次仿真中，F-$k$WTA 网络模型式（3.4）的输入是一个向量，其值为 $a_i(t)=\sin(0.25\pi(t+2i))$（$i\in 1,2,3,4$）；输入元素和赢家的数量分别设置为 $m=4$ 和 $k=2$；对于 F-$k$WTA 网络模型式（3.4），设置 $\alpha=10$、$\beta=10$、$T=10\,\mathrm{s}$；对于幂-S 函数，$\kappa$ 和 $\tau$ 分别为 4 和 3。对于非凸函数，$\eta_1$、$\eta_2$、$\eta_3$、$\eta_4$、$\eta_5$ 和 $\eta_6$ 分别设置为−1、−0.5、0.5、1、−2 和 2。F-$k$WTA 网络模型式（3.4）求解 $k$-WTA 问题的仿真结果如图 3.3 所示。图 3.3（a）～（c）表明，无论采用哪种激活函数，模型都能产生类似且准确的结果。图 3.3（d）从误差的角度详细说明了这几种激活函数之间的差异。显然，幂-S 函数具有最快的收敛速度和最小的误差，正如定理 3.2 所示。本次仿真结果反映了幂-S 函数在收敛性方面的优势。但是这并不意味着其他两种激活函数不值得考虑。事实上，线性函数更容易实现，而非凸激活函数更具有普适性。

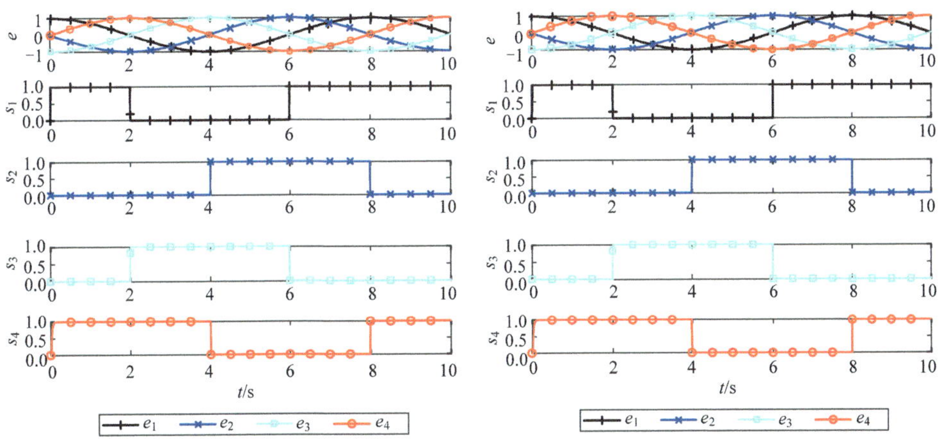


（a）线性函数情况下的输出　　（b）幂-S函数情况下的输出

图 3.3　F-$k$WTA 网络模型式（3.4）求解 $k$-WTA 问题的仿真结果

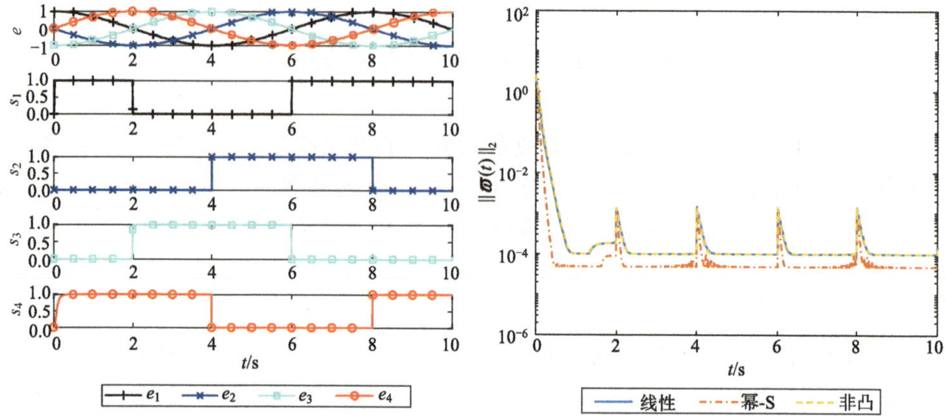


（c）非凸函数情况下的输出　　（d）残差

图 3.3（续）

### 3.4.2 对比验证

本小节着重研究使用固定参数的 C-$k$WTA 网络模型式（3.2）和使用模糊参数的 F-$k$WTA 网络模型式（3.4）的性能，并给出仿真结果，如图 3.4 所示。为了公平对比，在这两个模型中都将参数$\alpha$设置为 10。仿真结果表明，在三种不同类型的激活函数的作用下，F-$k$WTA 网络模型式（3.4）均比 C-$k$WTA 网络模型式（3.2）具有更小的误差，这充分证明了模糊系统在解决 $k$-WTA 问题上的有效性和优越性。

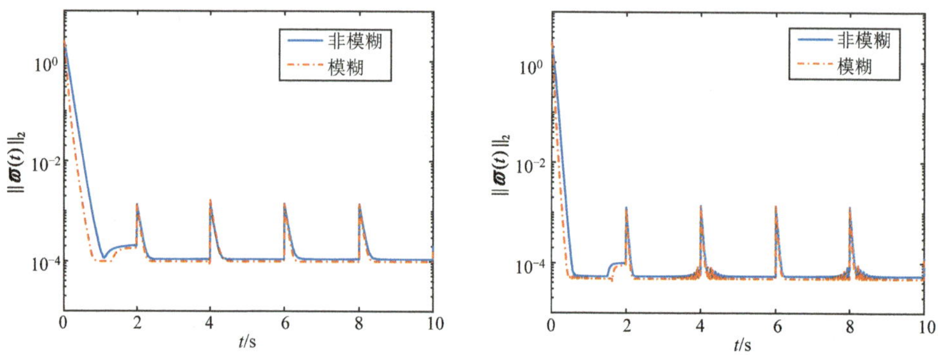


（a）线性函数情况下的残差　　（b）幂-S函数情况下的残差

图 3.4　使用固定参数的 C-$k$ WTA 网络模型式（3.2）和模糊参数的 F-$k$ WTA 网络模型式（3.4）求解 $k$-WTA 问题式（2.1）的仿真结果

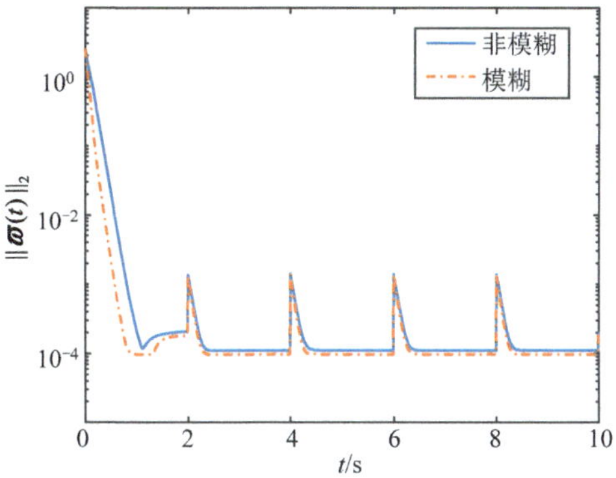


（c）非凸函数情况下的残差

图 3.4（续）

### 3.4.3　多机器人竞争式协同

本小节的重点在于多机器人协同仿真的讨论。首先，提出一种控制律来控制机器人的运动。基于前面的分析和定义，下式被用来确定控制律：

$$\begin{cases}\dot{\boldsymbol{\varrho}}(t) = -(\alpha+\beta^{\jmath})\boldsymbol{Q}(t)\big(\mathcal{P}_{\Omega}(\boldsymbol{S}\boldsymbol{\varrho}(t)+\boldsymbol{g}(t))+\boldsymbol{l}(t)\big)\\ s_i(t)=\varrho_i(t),\ \ i=1,2,\cdots,m\\ \dot{\boldsymbol{\theta}}_i(t)=es_i(t)\big(\boldsymbol{\theta}_i(t)-\boldsymbol{\theta}_0(t)\big)/\varepsilon_i(t)\end{cases}$$

在此前提下，引入算法 2，以实现对多机器人的协同控制。

**算法 2**　多机器人协同

**输入：** 每个机器人到移动目标的距离 $\varepsilon_i(t)$。

**输出：** 每个机器人的实时位置。

1: 当 $t<T$；

2: 根据已知参数，计算 $\boldsymbol{Q}(t)$、$\boldsymbol{S}$、$\boldsymbol{g}(\boldsymbol{\varrho}(t),t)$ 和残差 $\|\boldsymbol{\varpi}(t)\|_2$ 的值;

3: 利用模糊控制策略，基于残差 $\|\boldsymbol{\varpi}(t)\|_2$ 获得模糊参数 $\jmath$;

4: 计算 F-$k$ WTA 模型的输出 $\varrho_i(t)$、$s_i(t)$，并借助控制律，计算每个机器人的速度 $\dot{\boldsymbol{\theta}}_i(t)$;

5: 根据 $\dot{\boldsymbol{\theta}}_i(t)$ 和 $\dot{\boldsymbol{\theta}}_0(t)$，更新机器人的位置 $\boldsymbol{\theta}_i(t)$ 和目标位置 $\boldsymbol{\theta}_0(t)$;

6: 更新时间 $t$;

7: 结束。

在仿真过程中，一个目标被随机放置并以固定速度 4m/s 移动。10 个机器人（$m=10$）也被随机放置在一个 10m×10m 的区域内，并分配了速度 $\dot{\boldsymbol{\theta}}_i(t)=7s_i(t)(\boldsymbol{\theta}_i(t)-\boldsymbol{\theta}_0(t))/\varepsilon_i(t)$ m/s。为了完成任务，离目标最近的三个机器人（$k=3$）将被激活。其

他参数设置如下：$\alpha=10$，$\beta=10$，$\eta^{+}=1$，$\eta^{-}=-1$和$T=10\text{s}$。基于这些条件和参数进行仿真，并将结果显示在图 3.5 和图 3.6 中。

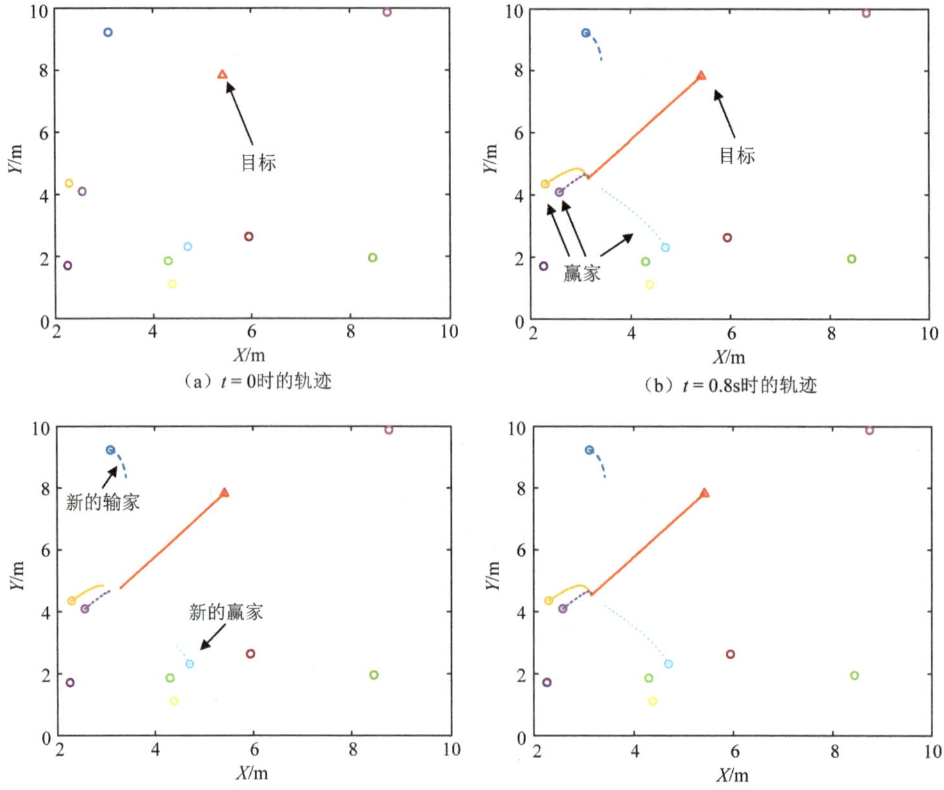


（a）$t=0$时的轨迹　（b）$t=0.8\text{s}$时的轨迹　（c）$t=2\text{s}$时的轨迹　（d）$t=10\text{s}$时的轨迹

图 3.5　机器人和移动目标的运动轨迹

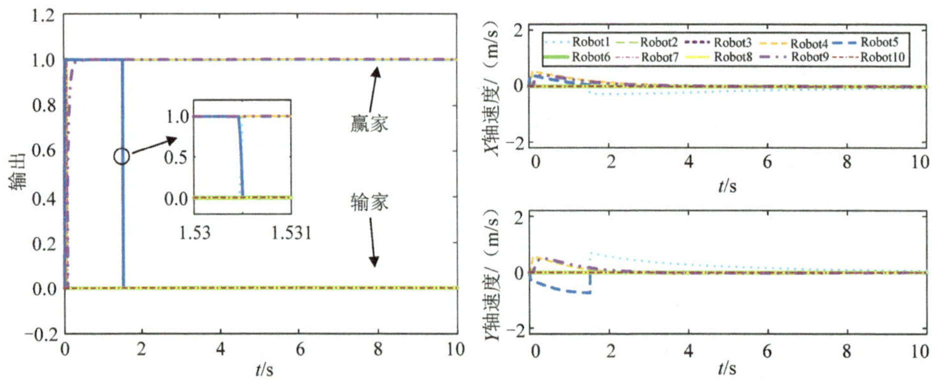


（a）F-$k$ WTA网络模型式（3.4）的输出　（b）机器人沿$X$轴和$Y$轴上的速度

图 3.6　10 个机器人基于 F-$k$ WTA 网络模型式（3.4）跟踪移动目标的仿真结果

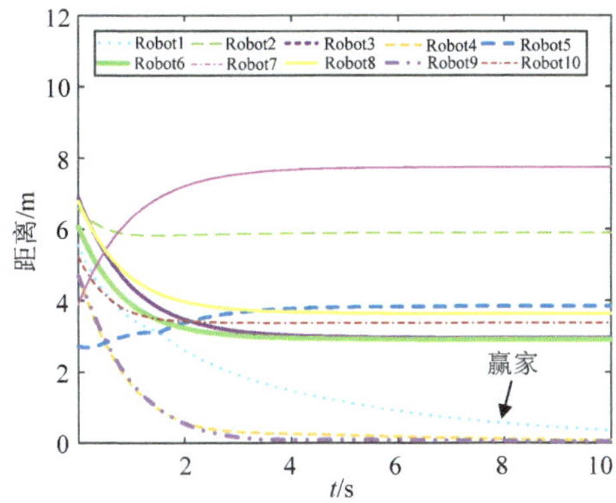


（c）机器人与目标之间的距离

图 3.6（续）

图 3.5 展示了机器人追踪目标的整个过程。初始时，目标和 10 个机器人随机分布在提供的区域内，如图 3.5（a）所示。在 $t=0.8$s 时，距离目标最近的三个机器人赢得了比赛，其轨迹如图 3.5（b）所示。随着目标的移动，距离发生变化，一个赢家被输家所取代，如图 3.5（c）所示。新的赢家开始追逐目标。在 $t=10$s 时，目标被捕获，追踪任务完成，所有机器人保持不动。

图 3.6 展示了多机器人系统的实时状态。从图 3.6（a）中可以看出，F-$k$WTA 网络模型式（3.4）正确地生成了结果，即赢家的值为 1，输家的值为 0。此外，约在 1.52s 处的突变线表明，模型可以快速从 1 状态转换为 0 状态，以应对距离关系的变化。图 3.6（b）显示了 10 个机器人的速度，输家的速度保持为 0，而赢家的速度保持在 3m/s，并在捕获目标时降至 0。在图 3.6（c）中，可以直观地看到机器人与目标之间的距离，这些距离逐渐接近 0。特别地，当机器人到目标的距离发生变化时，赢家被更新，这又影响了距离的变化。

图 3.7 展示了应用幂-S 函数和非凸函数作为激活函数的 F-$k$WTA 网络模型

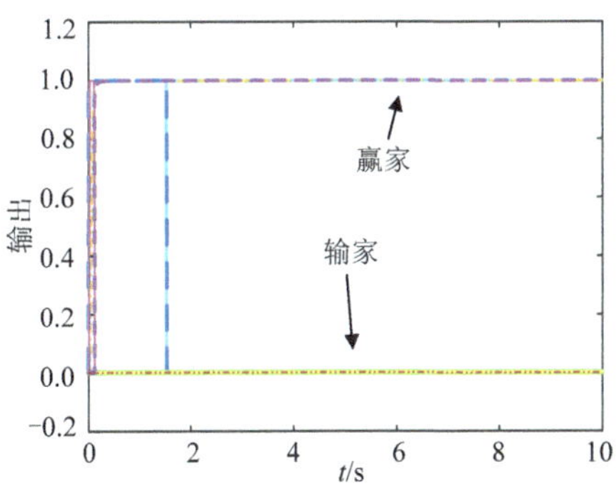


（a）幂-S函数情况下的输出

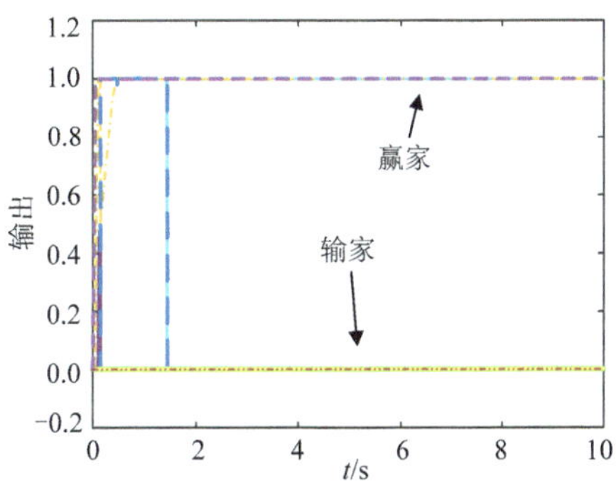


（b）非凸函数情况下的输出

图 3.7　F-$k$WTA 网络模型（3.4）的输出

式（3.4）的输出，结果表明，这两种激活函数都能够快速收敛到理论解，可见它们的效率较高。

## 3.5 本章小结

本章首先介绍了一种固定参数的 C-*k*WTA 网络模型，结合模糊系统设计了 F-*k* WTA 网络模型。然后，在 F-*k*WTA 网络模型中，采用了三种不同的激活函数，并结合定理分析了它们各自的收敛性能。同时，通过仿真实验展示了模型在不同的激活函数作用下的收敛效果以及与 C-*k*WTA 网络模型对比的结果，这些结果验证了 F-*k*WTA 网络模型的有效性和优越性。此外，本章还将所提出的模型应用于多机器人系统的竞争式控制策略中，并验证了模型的可行性和实用性。

# 第4章　基于一致性滤波的分布式赢者通吃网络

## 4.1　引　　言

本章基于现有结果，提出一种新颖的分布式 $k$-WTA（distributed $k$-WTA, D-$k$WTA）网络模型，该模型的潜在应用之一是分布式任务分配。分析表明该模型具有一个不变集，在该不变集处，模型退化为具有全局渐近收敛的现有集中式 $k$-WTA 网络模型。因此，本章所提出的 D-$k$WTA 网络模型的性能在理论上得到了保证。区别于文献[92]和文献[93]，本章提出的 D-$k$WTA 网络模型的渐近收敛性在理论上得到了证明，该模型采用一种高通共识滤波器，此滤波器对输入的响应要快得多。在某种程度上，本章的研究提供一些关于如何通过拉萨尔（LaSalle）不变原理和共识方法基于现有集中式动态模型开发分布式模型的见解。

## 4.2　问题描述及准备工作

本节介绍一些相关的现有结果，并详细描述本章所研究的问题。具体而言，现有关于 $k$-WTA 网络的研究主要依据网络结构，将其归类为集中式与分布式两种不同的网络模型。本节就这两种模型进行简要的介绍，为后续章节内容的学习奠定基础。

### 4.2.1　机器人集中式 $k$-WTA

在前述章节中，定义了 $k$-WTA 问题式（2.1），根据文献[94]的定理 4，有以下引理。

**引理 4.1**　以下以 $z$ 为决策变量的二次规划问题的解与式（2.1）相同：

$$\begin{cases}\min_{z\in\mathbb{R}^N} \quad a\boldsymbol{z}^{\mathrm{T}}\boldsymbol{z}-\boldsymbol{u}^{\mathrm{T}}\boldsymbol{z}\\ \text{s.t.}\quad \boldsymbol{I}^{\mathrm{T}}\boldsymbol{z}=k,\\ z_i\in[0,1],\ \ \forall i\in\{1,2,\cdots,N\}\end{cases}\tag{4.1}$$

式中，$\boldsymbol{I}=[1,1,\cdots,1]^{\mathrm{T}}\in\mathbb{R}^n$。给定 $0<2a\leqslant\tilde{u}_k-\tilde{u}_{k+1}$，其中 $\tilde{u}_k$ 和 $\tilde{u}_{k+1}$ 分别表示 $\boldsymbol{u}$ 中的第 $k$ 个最大元素和第 $k+1$ 个最大元素。此外，根据文献[95]的定理 1，有以下引理。

**引理 4.2**　以下连续时间模型的输出全局渐近收敛于二次规划式（4.1）的解：

$$\begin{cases}\text{状态方程：}\ \dot{\chi}=\gamma(-\boldsymbol{1}^{\mathrm{T}}\boldsymbol{z}+k)\\ \text{输出方程：}\ \boldsymbol{z}=g\left(\boldsymbol{1}\chi+\dfrac{\boldsymbol{u}}{a}\right)\end{cases} \tag{4.2}$$

式中，$\chi\in\mathbb{R}$ 表示一个状态变量；$\boldsymbol{z}\in\mathbb{R}^N$ 表示输出向量；$\gamma>0\in\mathbb{R}$ 是一个设计参数，其中数组投影运算符 $g(\cdot)$ 定义如下：

$$g(x_i)=\begin{cases}0, & x_i<0\\ 1, & x_i>1\\ x_i, & \text{其他}\end{cases}$$

由引理 4.1 和引理 4.2，可直接得出以下推论。

**推论 4.1** 鉴于给定的 $0<2a\leqslant\tilde{u}_k-\tilde{u}_{k+1}$，式（4.2）的输出可以全局渐近收敛到 $k$-WTA 问题式（2.1）的解。

容易发现，$k$-WTA 网络模型式（4.2）是中心化的，因为状态变量 $\chi$ 需要收集 $\boldsymbol{u}$ 中所有元素的所有输出信息。这样的属性也被其他现有的 $k$-WTA 网络模型所拥有，如文献[96]～文献[100]中的模型。本章所提的模型基于模型式（4.2），而不是其他模型，因为模型式（4.2）被认为是现有模型中最简单的模型。从式（4.2）中可以看出，该模型只有一个状态变量 $\chi$，它与问题的规模无关。

### 4.2.2 分布式 $k$-WTA 问题

考虑一个由 $N$ 个智能体组成的无向连接网络，每个智能体都有自己的输出，输出用 $z_i$ 表示，输入用 $u_i$ 表示。D-$k$WTA 网络中的智能体与其邻居竞争，从而产生 $k$ 个赢家，其中 $z_i=1$，其余的将是输家，$z_i=0$。例如，在文献[34]与文献[101]中，网络对应的通信图 $G=(V,E,\boldsymbol{A})$ 的拉普拉斯矩阵记为 $\boldsymbol{L}$，智能体 $i$ 由 $\boldsymbol{N}(i)$ 表示。本章研究的 D-$k$WTA 问题可以描述为通过局部交互以求解 $k$-WTA 问题式(2.1)的模型。

## 4.3 分布式 $k$-WTA 网络模型

本节介绍所提出的 D-$k$WTA 网络模型建模过程及结构，以及相应的理论分析。

### 4.3.1 模型描述

为了解决 D-$k$WTA 问题，为每个智能体引入两个状态变量，即 $x_i$ 和 $y_i$，令 $\boldsymbol{x}=[x_1,x_2,\cdots,x_N]^{\mathrm{T}}$，$\boldsymbol{y}=[y_1,y_2,\cdots,y_N]^{\mathrm{T}}$。所提出的 D-$k$WTA 网络模型描述如下：

$$
\begin{cases}
\text{状态方程：}\varepsilon\dot{\boldsymbol{x}}=C_0\left(-\boldsymbol{y}-\boldsymbol{z}+\dfrac{k\boldsymbol{1}}{N}\right)-C_0\boldsymbol{L}\boldsymbol{x}\\
\text{状态方程：}\varepsilon\dot{\boldsymbol{y}}=-\boldsymbol{L}(\boldsymbol{y}+\boldsymbol{z})\\
\text{输出方程：}\boldsymbol{z}=g\left(\boldsymbol{x}+\dfrac{\boldsymbol{u}}{\alpha}\right)
\end{cases}
\tag{4.3}
$$

式中，$\varepsilon$、$C_0$ 和 $\alpha$ 是正的常数。鉴于所提 D-$k$WTA 网络模型与文献[34]中的模型设计思想完全不同，事实上，当前模型的设计是基于文献[95]中的中心化模型，而不是文献[34]中的模型。

**备注 4.1**　对于本章提出的 D-$k$WTA 模型式（4.3），任何智能体 $i\in V$ 的状态和输出可被写作

$$
\begin{cases}
\varepsilon\dot{x}_i=C_0\left(-y_i-z_i+\dfrac{k}{N}\right)-C_0\sum\limits_{j\in N(i)}a_{ij}(x_i-x_j)\\
\varepsilon\dot{y}_i=-\sum\limits_{j\in N(i)}a_{ij}(y_i-y_j)-\sum\limits_{j\in N(i)}a_{ij}(z_i-z_j)\\
z_i=g\left(x_i+\dfrac{u_i}{\alpha}\right)
\end{cases}
\tag{4.4}
$$

从式（4.4）中可以看出，本章所提出的 D-$k$WTA 网络模型是分布式的。

### 4.3.2　理论分析

关于所提出的 D-$k$WTA 网络模型式（4.3）的收敛性，存在以下定理。

**定理 4.1**　鉴于 $\boldsymbol{y}(0)=0$，$\lambda_{2\min}(\boldsymbol{L})\geqslant 7.5C_0$，其中，$\lambda_{2\min}(\boldsymbol{L})$ 表示 $\boldsymbol{L}$ 的次小特征值，$0<2\alpha\leqslant s_u$，其中 $s_u$ 表示输入之间的最小间隔，D-$k$WTA 网络模型式（4.3）的输出全局渐近收敛于 $k$-WTA 问题式（2.1）的解。

**证明**　设 $\varphi(\boldsymbol{x})=[\varphi(x_1),\varphi(x_2),\cdots,\varphi(x_N)]^{\mathrm{T}}$ 具有

$$
\varphi(x_i)=\frac{\partial g(x_i)}{\partial x_i}\begin{cases}=0,\quad x_i<0\ \text{或}\ x_i>1\\ =1,\quad 0<x_i<1\\ \in[0,1],\ \text{其他}\end{cases}
$$

式中，$\|\cdot\|_1$ 表示 1-范数，这里有 $\varphi^{\mathrm{T}}(\boldsymbol{x})\boldsymbol{1}=\|\varphi(\boldsymbol{x})\|_1$。令 $\mathrm{diag}(\varphi(\boldsymbol{x}))=\partial g(\boldsymbol{x})/\partial\boldsymbol{x}$，$\boldsymbol{\eta}_1=\boldsymbol{y}+\boldsymbol{z}-\boldsymbol{1}\boldsymbol{1}^{\mathrm{T}}\boldsymbol{z}/N\in\mathbb{R}^N$，$\boldsymbol{\eta}_2=\boldsymbol{1}^{\mathrm{T}}\boldsymbol{z}/N-k/N\in\mathbb{R}$，且 $\boldsymbol{\eta}_3=\boldsymbol{L}\boldsymbol{x}\in\mathbb{R}^N$。然后，考虑 D-$k$WTA 模型式（4.3），存在转换关系如下：

$$
\begin{aligned}
\varepsilon\dot{\boldsymbol{x}}&=C_0\left(-\boldsymbol{\eta}_1-\frac{\boldsymbol{1}\boldsymbol{1}^{\mathrm{T}}\boldsymbol{z}}{N}+\frac{k\boldsymbol{1}}{N}\right)-C_0\boldsymbol{L}\boldsymbol{x}\\
&=-C_0\boldsymbol{\eta}_1-C_0\boldsymbol{1}\boldsymbol{\eta}_2-C_0\boldsymbol{\eta}_3
\end{aligned}
\tag{4.5}
$$

结合式（4.5）和 D-$k$WTA 模型式（4.3），进一步转换可以得到

$$\begin{aligned}\dot{\boldsymbol{\eta}}_2 &= \frac{\boldsymbol{1}^{\mathrm{T}}\dot{\boldsymbol{z}}}{N} \\ &= \frac{\boldsymbol{1}^{\mathrm{T}}\operatorname{diag}(\varphi(\boldsymbol{x}))\dot{\boldsymbol{x}}}{N} \\ &= \frac{1}{\varepsilon N}\varphi^{\mathrm{T}}(\boldsymbol{x})(-C_0\boldsymbol{\eta}_1 - C_0\boldsymbol{1}\boldsymbol{\eta}_2 - C_0\boldsymbol{\eta}_3) \\ &= \frac{1}{\varepsilon N}(-C_0\varphi^{\mathrm{T}}(\boldsymbol{x})\boldsymbol{\eta}_1 - C_0\|\varphi(\boldsymbol{x})\|_1\boldsymbol{\eta}_2 - C_0\varphi^{\mathrm{T}}(\boldsymbol{x})\boldsymbol{\eta}_3)\end{aligned} \tag{4.6}$$

同时，对于$\boldsymbol{\eta}_1$，令$\boldsymbol{I}$表示$N\times N$的单位矩阵，有

$$\begin{aligned}\dot{\boldsymbol{\eta}}_1 &= \dot{\boldsymbol{y}} + \dot{\boldsymbol{z}} - \frac{\boldsymbol{1}\boldsymbol{1}^{\mathrm{T}}\dot{\boldsymbol{z}}}{N} \\ &= -\frac{1}{\varepsilon}\boldsymbol{L}\left(\boldsymbol{y} + \boldsymbol{z} - \frac{\boldsymbol{1}\boldsymbol{1}^{\mathrm{T}}\boldsymbol{z}}{N} + \frac{\boldsymbol{1}\boldsymbol{1}^{\mathrm{T}}}{N}\right) + \left(\boldsymbol{I} - \frac{\boldsymbol{1}\boldsymbol{1}^{\mathrm{T}}}{N}\right)\operatorname{diag}(\varphi(\boldsymbol{x}))\dot{\boldsymbol{x}} \\ &= -\frac{1}{\varepsilon}\boldsymbol{L}\left(\boldsymbol{y} + \boldsymbol{z} - \frac{\boldsymbol{1}\boldsymbol{1}^{\mathrm{T}}\boldsymbol{z}}{N}\right) - \frac{\boldsymbol{L}\boldsymbol{1}\boldsymbol{1}^{\mathrm{T}}}{\varepsilon N} + \left(\boldsymbol{I} - \frac{\boldsymbol{1}\boldsymbol{1}^{\mathrm{T}}}{N}\right)\operatorname{diag}(\varphi(\boldsymbol{x}))\dot{\boldsymbol{x}}\end{aligned}$$

由于图是无向连通的，有以下性质[102]：

$$\boldsymbol{L}\boldsymbol{1} = \boldsymbol{0} \tag{4.7}$$

因此，连同$\boldsymbol{\eta}_1$的定义，有

$$\dot{\boldsymbol{\eta}}_1 = -\frac{1}{\varepsilon}\boldsymbol{L}\boldsymbol{\eta}_1 + \left(\boldsymbol{I} - \frac{\boldsymbol{1}\boldsymbol{1}^{\mathrm{T}}}{N}\right)\operatorname{diag}(\varphi(\boldsymbol{x}))\dot{\boldsymbol{x}}$$

基于式（4.7），可得

$$\boldsymbol{1}^{\mathrm{T}}\boldsymbol{\eta}_1 = \boldsymbol{1}^{\mathrm{T}}\left(\boldsymbol{y} + \boldsymbol{z} - \frac{\boldsymbol{1}\boldsymbol{1}^{\mathrm{T}}\boldsymbol{z}}{N}\right) = \boldsymbol{1}^{\mathrm{T}}\boldsymbol{y} + \boldsymbol{1}^{\mathrm{T}}\boldsymbol{z} - \boldsymbol{1}^{\mathrm{T}}\boldsymbol{z} = \boldsymbol{1}^{\mathrm{T}}\boldsymbol{y}\boldsymbol{1}^{\mathrm{T}}\dot{\boldsymbol{y}} = \frac{-\boldsymbol{1}^{\mathrm{T}}\boldsymbol{L}(\boldsymbol{y} + \boldsymbol{z})}{\varepsilon} = 0$$

因此，有$\boldsymbol{1}^{\mathrm{T}}\boldsymbol{\eta}_1 \equiv 0$，给定$\boldsymbol{y}(0) = \boldsymbol{0}$，则

$$\boldsymbol{L}\boldsymbol{\eta}_1 = (\boldsymbol{L} + C_1\boldsymbol{1}\boldsymbol{1}^{\mathrm{T}})\boldsymbol{\eta}_1 = \boldsymbol{B}\boldsymbol{\eta}_1 \tag{4.8}$$

式中，$\boldsymbol{B} = \boldsymbol{L} + C_1\boldsymbol{1}\boldsymbol{1}^{\mathrm{T}}$且$C_1 > 0$足够大（事实上，只需让$C_1 \geqslant \lambda_{2\min}(\boldsymbol{L})/N$）。显然，$\boldsymbol{B}$的最小特征值满足$\lambda_{\min}(\boldsymbol{B}) = \lambda_{2\min}(\boldsymbol{L}) > 0$[24]，其中$\lambda_{\min}(\cdot)$和$\lambda_{2\min}(\cdot)$分别表示矩阵的最小和次小的特征值。故式（4.8）可以改写为如下形式：

$$\dot{\boldsymbol{\eta}}_1 = -\frac{1}{\varepsilon}\boldsymbol{B}\boldsymbol{\eta}_1 + \left(I - \frac{\boldsymbol{1}\boldsymbol{1}^{\mathrm{T}}}{N}\right)\operatorname{diag}(\varphi(\boldsymbol{x}))\dot{\boldsymbol{x}} \tag{4.9}$$

设

$$V_1 = \frac{\varepsilon\boldsymbol{\eta}_1^{\mathrm{T}}\boldsymbol{\eta}_1}{2},\quad V_2 = \frac{\varepsilon\boldsymbol{\eta}_2^2}{2},\quad V_3 = \frac{\varepsilon\boldsymbol{x}^{\mathrm{T}}\boldsymbol{L}\boldsymbol{x}}{2}$$

沿着式（4.9）的状态轨迹计算$V_1$的时间导数，有

$$\begin{aligned}\dot{V}_1&=\varepsilon\boldsymbol{\eta}_1^{\mathrm{T}}\dot{\boldsymbol{\eta}}_1\\&=-\boldsymbol{\eta}_1^{\mathrm{T}}\boldsymbol{B}\boldsymbol{\eta}_1+\varepsilon\boldsymbol{\eta}_1^{\mathrm{T}}\left(\boldsymbol{I}-\frac{\boldsymbol{1}\boldsymbol{1}^{\mathrm{T}}}{N}\right)\mathrm{diag}(\varphi(\boldsymbol{x}))\dot{\boldsymbol{x}}\end{aligned}$$

将式（4.5）代入上述等式可得

$$\begin{aligned}\dot{V}_1=&-\boldsymbol{\eta}_1^{\mathrm{T}}\boldsymbol{B}\boldsymbol{\eta}_1-C_0\boldsymbol{\eta}_1^{\mathrm{T}}\left(\boldsymbol{I}-\frac{\boldsymbol{1}\boldsymbol{1}^{\mathrm{T}}}{N}\right)\mathrm{diag}(\varphi(\boldsymbol{x}))\boldsymbol{\eta}_1-C_0\boldsymbol{\eta}_1^{\mathrm{T}}\left(\boldsymbol{I}-\frac{\boldsymbol{1}\boldsymbol{1}^{\mathrm{T}}}{N}\right)\varphi(\boldsymbol{x})\boldsymbol{\eta}_2\\&-C_0\boldsymbol{\eta}_1^{\mathrm{T}}\left(\boldsymbol{I}-\frac{\boldsymbol{1}\boldsymbol{1}^{\mathrm{T}}}{N}\right)\mathrm{diag}(\varphi(\boldsymbol{x}))\boldsymbol{\eta}_3\\\leqslant&-\boldsymbol{\eta}_1^{\mathrm{T}}\boldsymbol{B}\boldsymbol{\eta}_1+C_0\|\boldsymbol{\eta}_1\|_2^2\lambda_{\max}\left(\boldsymbol{I}-\frac{\boldsymbol{1}\boldsymbol{1}^{\mathrm{T}}}{N}\right)\|\mathrm{diag}(\varphi(\boldsymbol{x}))\|_2-C_0\boldsymbol{\eta}_1^{\mathrm{T}}\varphi(\boldsymbol{x})\eta_2\\&+\frac{C_0\boldsymbol{\eta}_1^{\mathrm{T}}\boldsymbol{1}\boldsymbol{1}^{\mathrm{T}}\varphi(\boldsymbol{x})\boldsymbol{\eta}_2}{N}+C_0\|\boldsymbol{\eta}_1\|_2\lambda_{\max}\left(\boldsymbol{I}-\frac{\boldsymbol{1}\boldsymbol{1}^{\mathrm{T}}}{N}\right)\|\mathrm{diag}(\varphi(\boldsymbol{x}))\|_2\|\boldsymbol{\eta}_3\|_2\end{aligned}$$

式中，$\|\cdot\|_2$表示向量或矩阵的 2-范数（对于矩阵也称为最大奇异值）；$\lambda_{\max}(\cdot)$表示矩阵的最大特征值。根据文献[103]的 1.5 小节，存在$\|\mathrm{diag}(\varphi(\boldsymbol{x}))\|_2=\sqrt{\lambda_{\max}(\mathrm{diag}^{\mathrm{T}}(\varphi(\boldsymbol{x}))\mathrm{diag}(\varphi(\boldsymbol{x})))}=\lambda_{\max}(\varphi(\boldsymbol{x}))\leqslant 1$。因为$\mathrm{diag}(\varphi(\boldsymbol{x}))$是对角矩阵且每个对角线元素都不大于 1，可得到$\lambda_{\max}(\boldsymbol{I}-\boldsymbol{1}\boldsymbol{1}^{\mathrm{T}})=1$。因此有

$$\begin{aligned}\dot{V}_1\leqslant&-\boldsymbol{\eta}_1^{\mathrm{T}}\boldsymbol{B}\boldsymbol{\eta}_1+C_0\|\boldsymbol{\eta}_1\|_2^2-C_0\boldsymbol{\eta}_1^{\mathrm{T}}\varphi(\boldsymbol{x})\boldsymbol{\eta}_2\\&+\frac{C_0\boldsymbol{\eta}_1^{\mathrm{T}}\boldsymbol{1}\boldsymbol{1}^{\mathrm{T}}\varphi(\boldsymbol{x})\boldsymbol{\eta}_2}{N}+C_0\|\boldsymbol{\eta}_1\|_2\|\boldsymbol{\eta}_3\|_2\end{aligned}\tag{4.10}$$

注意，根据柯西-施瓦茨（Cauchy-Schwarz）不等式，有

$$\boldsymbol{\eta}_1^{\mathrm{T}}\varphi(\boldsymbol{x})\leqslant\|\boldsymbol{\eta}_1\|_2\|\varphi(\boldsymbol{x})\|_2$$

$$\begin{aligned}\boldsymbol{\eta}_1^{\mathrm{T}}\boldsymbol{1}\boldsymbol{1}^{\mathrm{T}}\varphi(\boldsymbol{x})\boldsymbol{\eta}_2&=(\boldsymbol{\eta}_1^{\mathrm{T}}\boldsymbol{1})(\boldsymbol{1}^{\mathrm{T}}\varphi(\boldsymbol{x}))\boldsymbol{\eta}_2\\&\leqslant(\|\boldsymbol{\eta}_1\|_2\sqrt{N})\left(\sqrt{N}\|\varphi(\boldsymbol{x})\|_2\right)|\boldsymbol{\eta}_2|\\&=N\|\boldsymbol{\eta}_1\|_2\|\varphi(\boldsymbol{x})\|_2|\boldsymbol{\eta}_2|\end{aligned}$$

式中，$|\cdot|$表示绝对值。将上式与不等式（4.10）相结合，有

$$\begin{aligned}\dot{V}_1\leqslant&-\boldsymbol{\eta}_1^{\mathrm{T}}\boldsymbol{B}\boldsymbol{\eta}_1+C_0\|\boldsymbol{\eta}_1\|_2^2+C_0|\boldsymbol{\eta}_2|\|\boldsymbol{\eta}_1\|_2\|\varphi(\boldsymbol{x})\|_2\\&+\frac{C_0}{N}N\|\boldsymbol{\eta}_1\|_2\|\varphi(\boldsymbol{x})\|_2|\boldsymbol{\eta}_2|+C_0\|\boldsymbol{\eta}_1\|_2\|\boldsymbol{\eta}_3\|_2\\=&-\boldsymbol{\eta}_1^{\mathrm{T}}(\boldsymbol{B}-C_0\boldsymbol{I})\boldsymbol{\eta}_1+2C_0\|\boldsymbol{\eta}_1\|_2\|\varphi(\boldsymbol{x})\|_2|\boldsymbol{\eta}_2|+C_0\|\boldsymbol{\eta}_1\|_2\|\boldsymbol{\eta}_3\|_2\end{aligned}$$

由于$\varphi(\boldsymbol{x})$的每个元素都介于 0 和 1 之间，可得到$\|\varphi(\boldsymbol{x})\|_1\geqslant\|\varphi(\boldsymbol{x})\|_2^2$。因此，沿着式（4.6）的状态轨迹计算$V_2$的时间导数，有

$$\begin{aligned}\dot{V}_2 &= \varepsilon\boldsymbol{\eta}_2\dot{\boldsymbol{\eta}}_2 \\ &= \boldsymbol{\eta}_2\frac{1}{N}(-C_0\boldsymbol{\varphi}^{\mathrm{T}}(\boldsymbol{x})\boldsymbol{\eta}_1 - C_0\|\boldsymbol{\varphi}(\boldsymbol{x})\|_1\boldsymbol{\eta}_2 - C_0\boldsymbol{\varphi}^{\mathrm{T}}(\boldsymbol{x})\boldsymbol{\eta}_3) \\ &\leqslant \boldsymbol{\eta}_2\frac{1}{N}(-C_0\boldsymbol{\varphi}^{\mathrm{T}}(\boldsymbol{x})\boldsymbol{\eta}_1 - C_0\|\boldsymbol{\varphi}(\boldsymbol{x})\|_2^2\boldsymbol{\eta}_2 - C_0\boldsymbol{\varphi}^{\mathrm{T}}(\boldsymbol{x})\boldsymbol{\eta}_3) \\ &= \frac{-C_0\|\boldsymbol{\varphi}(\boldsymbol{x})\|_2^2\boldsymbol{\eta}_2^2}{N} - \frac{C_0\boldsymbol{\varphi}^{\mathrm{T}}(\boldsymbol{x})\boldsymbol{\eta}_1\boldsymbol{\eta}_2}{N} - \frac{C_0\boldsymbol{\varphi}^{\mathrm{T}}(\boldsymbol{x})\boldsymbol{\eta}_3\boldsymbol{\eta}_2}{N} \\ &\leqslant \frac{-C_0\|\boldsymbol{\varphi}(\boldsymbol{x})\|_2^2\boldsymbol{\eta}_2^2}{N} + \frac{C_0|\boldsymbol{\eta}_2|\|\boldsymbol{\varphi}(\boldsymbol{x})\|_2\|\boldsymbol{\eta}_1\|_2}{N} + \frac{C_0\|\boldsymbol{\varphi}(\boldsymbol{x})\|_2\|\boldsymbol{\eta}_3\|_2|\boldsymbol{\eta}_2|}{N}\end{aligned}$$

对于式(4.5)中的$V_3$，有$\dot{V}_3 = \varepsilon\dot{\boldsymbol{x}}^{\mathrm{T}}\boldsymbol{L}\boldsymbol{x} = -C_0\boldsymbol{\eta}_1^{\mathrm{T}}\boldsymbol{L}\boldsymbol{x} - C_0\boldsymbol{\eta}_2\boldsymbol{1}^{\mathrm{T}}\boldsymbol{L}\boldsymbol{x} - C_0\|\boldsymbol{L}\boldsymbol{x}\|_2^2$。回顾式(4.7)和$\boldsymbol{L}$的对称性，有$\boldsymbol{1}^{\mathrm{T}}\boldsymbol{L} = \boldsymbol{0}$。因此，连同$\boldsymbol{\eta}_3$的定义，进一步可得

$$\begin{aligned}\dot{V}_3 &= -C_0\boldsymbol{\eta}_1^{\mathrm{T}}\boldsymbol{L}\boldsymbol{x} - C_0\|\boldsymbol{L}\boldsymbol{x}\|_2^2 \\ &= -C_0\boldsymbol{\eta}_1^{\mathrm{T}}\boldsymbol{\eta}_3 - C_0\|\boldsymbol{\eta}_3\|_2^2 \\ &\leqslant -C_0\|\boldsymbol{\eta}_3\|_2^2 + C_0\|\boldsymbol{\eta}_1\|_2\|\boldsymbol{\eta}_3\|_2\end{aligned}$$

考虑 Lyapunov 候选函数$V = V_1 + NV_2 + V_3$，根据$V_1$、$V_2$和$V_3$的定义，它是正定的。$V$沿系统状态轨迹的时间导数满足以下关系：

$$\begin{aligned}\dot{V} &= \dot{V}_1 + N\dot{V}_2 + \dot{V}_3 \\ &\leqslant -\boldsymbol{\eta}_1^{\mathrm{T}}(\boldsymbol{B} - C_0\boldsymbol{I})\boldsymbol{\eta}_1 + 2C_0\|\boldsymbol{\eta}_1\|_2\|\boldsymbol{\varphi}(\boldsymbol{x})\|_2|\boldsymbol{\eta}_2 - C_0\|\boldsymbol{\eta}_3\|_2^2 + C_0\|\boldsymbol{\eta}_1\|_2\|\boldsymbol{\eta}_3\|_2 \\ &\quad + C_0\|\boldsymbol{\eta}_1\|_2\|\boldsymbol{\eta}_3\|_2 - C_0\|\boldsymbol{\varphi}(\boldsymbol{x})\|_2^2\boldsymbol{\eta}_2^2 + C_0|\boldsymbol{\eta}_2|\|\boldsymbol{\varphi}(\boldsymbol{x})\|_2\|\boldsymbol{\eta}_1\|_2 + C_0\|\boldsymbol{\varphi}(\boldsymbol{x})\|_2\|\boldsymbol{\eta}_3\|_2|\boldsymbol{\eta}_2| \\ &\leqslant C_0\Big(-\|\boldsymbol{\eta}_1\|_2^2\left(\frac{\lambda_{\min}(\boldsymbol{B})}{C_0} - 1\right) - (\|\boldsymbol{\varphi}(\boldsymbol{x})\|_2\boldsymbol{\eta}_2)^2 \\ &\quad -\|\boldsymbol{\eta}_3\|_2^2 + 3\|\boldsymbol{\eta}_1\|_2(\|\boldsymbol{\varphi}(\boldsymbol{x})\|_2|\boldsymbol{\eta}_2|) + 2\|\boldsymbol{\eta}_1\|_2\|\boldsymbol{\eta}_3\|_2 + \|\boldsymbol{\eta}_3\|_2(\|\boldsymbol{\varphi}(\boldsymbol{x})\|_2|\boldsymbol{\eta}_2|)\Big) \\ &\leqslant C_0\Big(-\|\boldsymbol{\eta}_1\|_2^2\left(\frac{\lambda_{\min}(\boldsymbol{B})}{C_0} - 1\right) - \frac{(\|\boldsymbol{\varphi}(\boldsymbol{x})\|_2\boldsymbol{\eta}_2)^2}{2} \\ &\quad - \frac{\|\boldsymbol{\eta}_3\|_2^2}{2} + 3\|\boldsymbol{\eta}_1\|_2(\|\boldsymbol{\varphi}(\boldsymbol{x})\|_2|\boldsymbol{\eta}_2|) + 2\|\boldsymbol{\eta}_1\|_2\|\boldsymbol{\eta}_3\|_2 + \|\boldsymbol{\eta}_3\|_2(\|\boldsymbol{\varphi}(\boldsymbol{x})\|_2|\boldsymbol{\eta}_2|)\Big) \\ &= -C_0\|\boldsymbol{\eta}_1\|_2^2\left(\frac{\lambda_{\min}(\boldsymbol{B})}{C_0} - 7.5\right) - C_0\left(\frac{3}{\sqrt{2}}\|\boldsymbol{\eta}_1\|_2 - \frac{\|\boldsymbol{\varphi}(\boldsymbol{x})\|_2|\boldsymbol{\eta}_2|}{\sqrt{2}}\right)^2 \\ &\quad - C_0\left(\sqrt{2}\|\boldsymbol{\eta}_1\|_2 - \frac{1}{\sqrt{2}}\|\boldsymbol{\eta}_3\|_2\right)^2\end{aligned}$$

由于$\lambda_{\min}(\boldsymbol{B}) = \lambda_{2\min}(\boldsymbol{L}) \geqslant 7.5C_0$，有$\dot{V} \leqslant 0$。设$\dot{V} = 0$，有$\boldsymbol{\eta}_1 = \boldsymbol{0}$、$\boldsymbol{\eta}_3 = \boldsymbol{0}$和$\|\boldsymbol{\varphi}(\boldsymbol{x})\|\boldsymbol{\eta}_2 = \boldsymbol{0}$。在$\boldsymbol{\eta}_1 = \boldsymbol{0}$和$\boldsymbol{\eta}_3 = \boldsymbol{0}$的不变集合中，式（4.5）可变为

$$\varepsilon\dot{\boldsymbol{x}} = -C_0\boldsymbol{1}\boldsymbol{\eta}_2 = -C_0\boldsymbol{1}\left(\frac{\boldsymbol{1}^{\mathrm{T}}\boldsymbol{z}}{N} - \frac{k}{N}\right)$$

对上述等式两边左乘 $\boldsymbol{1}^{\mathrm{T}}/N$ 得到

$$\varepsilon\dot{\bar{x}} = \varepsilon\frac{\boldsymbol{1}^{\mathrm{T}}\dot{\boldsymbol{x}}}{N} = -C_0\left(\frac{\boldsymbol{1}^{\mathrm{T}}\boldsymbol{z}}{N} - \frac{k}{N}\right) = -\frac{C_0}{N}(\boldsymbol{1}^{\mathrm{T}}\boldsymbol{z} - k)$$

式中，$\boldsymbol{z} = g(\boldsymbol{x} + \boldsymbol{u}/\alpha)$；$\bar{x} = \sum_{i=1}^{N} x_i / N$ 表示 $\boldsymbol{x}$ 中元素的平均值。由于 $\boldsymbol{\eta}_3 = \boldsymbol{L}\boldsymbol{x} = \boldsymbol{0}$ 在不变集合中，因此有 $\boldsymbol{x} = \bar{x}\boldsymbol{1}$，可得

$$\boldsymbol{z} = g(\boldsymbol{x} + \boldsymbol{u}/\alpha) = g(\bar{x}\boldsymbol{1} + \boldsymbol{u}/\alpha)$$

通过以上结果总结，在不变集合中，有

$$\varepsilon\dot{\bar{x}} = -\frac{C_0}{N}(\boldsymbol{1}^{\mathrm{T}}\boldsymbol{z} - k),\ \ \boldsymbol{z} = g\left(\bar{x}\boldsymbol{1} + \frac{\boldsymbol{u}}{\alpha}\right) \tag{4.11}$$

可以用 $a = \alpha$ 、$\chi = \bar{x}$ 和 $\lambda = C_0/(N\varepsilon)$ 重写式（4.2）。根据推论 4.1，假设 $0 < 2\alpha \leqslant \tilde{u}_k - \tilde{u}_{k+1}$，其中 $\tilde{u}_k$ 表示 $u$ 中第 $k$ 个最大元素，$\tilde{u}_{k+1}$ 表示 $\boldsymbol{u}$ 中的第 $k+1$ 个最大元素，式（4.11）的输出是全局渐近地收敛于 $k$-WTA 问题式（2.1）的解。通过 LaSalle 不变原理[104-105]，进一步得出 $\boldsymbol{y}(0) = \boldsymbol{0}$，$\lambda_{2\min}(\boldsymbol{L}) \geqslant 7.5C_0$，且 $0 < 2\alpha \leqslant \tilde{u}_k - \tilde{u}_{k+1}$，D-$k$WTA 网络模型式（4.3）的输出为全局渐近收敛到 $k$-WTA 问题式（2.1）的解。证明完成。

**备注 4.2**　从定理 4.1 的证明可以看出，由于 LaSalle 不变原理，本章所提出的 $k$-WTA 的收敛性证明最终转换为现有收敛性证明。本质上，D-$k$ WTA 是通过在集中式 $k$-WTA 的基础上适当增加额外的共态来实现集中项的渐近估计的。此设计视角可能有助于为其他问题获得相应的分布式模型。通过参考设计的基本原理，本章所提出的模型还可以扩展到高通共识滤波器允许的其他类型的通信拓扑中。

**备注 4.3**　在本章提出的 D-$k$WTA 网络模型式（4.3）中有三个正参数 $\varepsilon$、$C_0$ 和 $\alpha$。从式（4.3）中可以看出，参数 $\varepsilon$ 实际上衡量了状态更新的反馈强度。在本章所提出模型的实现中，为了实现快速收敛，$\varepsilon$ 的值应设置得尽可能小但大于 0。根据定理 4.1，$C_0$ 的值需要满足 $\lambda_{2\min}(\boldsymbol{L}) \geqslant 7.5C_0$，其中 $\lambda_{2\min}(\boldsymbol{L}) > 0$ 表示通信图的次小特征值。同时，需要 $C_0$ 大于零。因此，$C_0$ 的设置与 $\varepsilon$ 具有类似的要求。在实践中，由于传感器的能力有限，信号的测量总是具有一定的分辨率。例如，HRLV-MaxSonar-EZ 系列超声波测距仪的分辨率为 0.001m。在这种情况下，当输入是此类超声波测距仪的测量值时，$s_u = 0.001$。换句话说，$s_u$ 由生成输入的传感器的分辨率决定，可以由使用者自行设置。

## 4.4 数值实验

本节提供数值实验以展示本章所提出的 D-$k$WTA 网络模型的性能。

### 4.4.1 静态输入

首先考虑 10 个智能体的无向连接网络，即 $N=10$， $k=3$，其中智能体的输入是静态的。换句话说，智能体需要相互竞争并产生三个赢家。其网络通信图如图 4.1 所示。这 10 个智能体的输入是静态的，它们是 $\boldsymbol{u}=[1.1,2.5,4,19,3.2,10,5.5,5.2,19.1,8]^{\mathrm{T}}$。采用本章所提出的 D-$k$WTA 网络模型式（4.3），参数值设置为 $\varepsilon=10^{-9}$，$\alpha=0.01$， $C_0=0.001$。根据定理 4.1， $\boldsymbol{x}$ 的初始值即 $\boldsymbol{x}(0)$ 是随机设置的，同时 $\boldsymbol{y}(0)=\boldsymbol{0}$。仿真结果如图 4.2～图 4.4 所示。该结果表明，本章所提出的 D-$k$WTA 网络模型成功识别了 $k$ 个赢家。

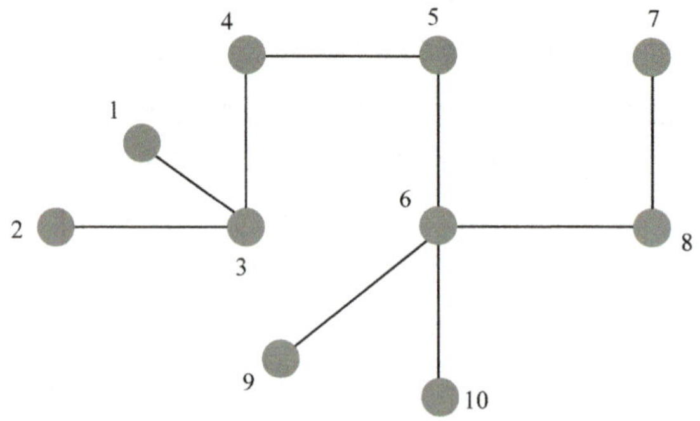


图 4.1 具有 10 个智能体的网络通信图

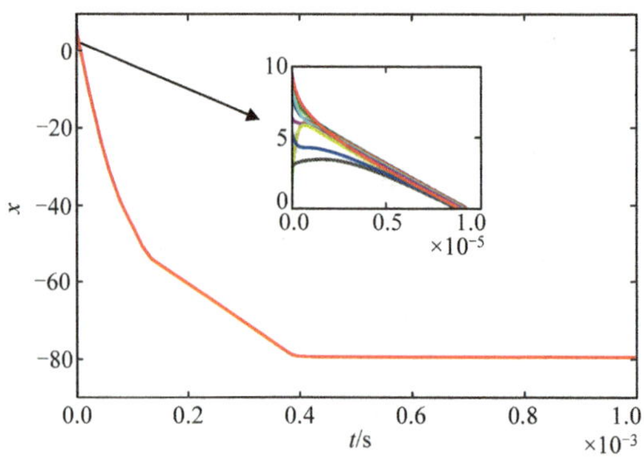


图 4.2 静态输入时 D-$k$WTA 网络模型式（4.3）的状态向量 $\boldsymbol{x}$ 的瞬态行为

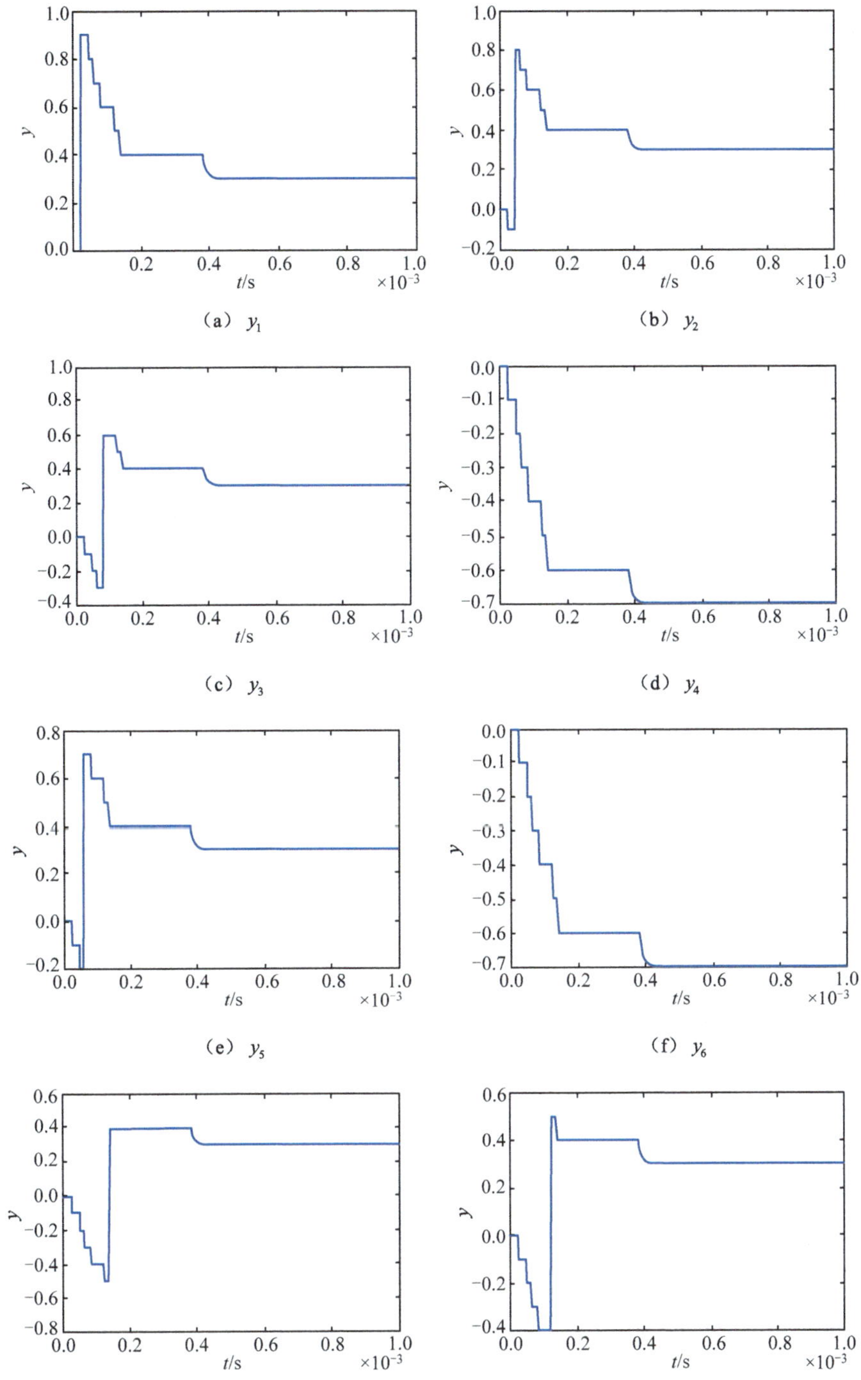


（a） $y_1$　（b） $y_2$

（c） $y_3$　（d） $y_4$

（e） $y_5$　（f） $y_6$

（g） $y_7$　（h） $y_8$

图 4.3　静态输入时 D-$k$ WTA 网络模型式（4.3）的状态向量 $\boldsymbol{y}$ 的瞬态行为

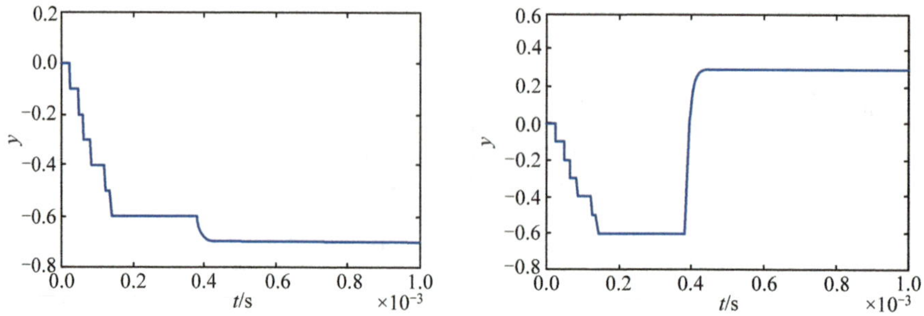


（i） $y_9$　　（j） $y_{10}$

图 4.3（续）

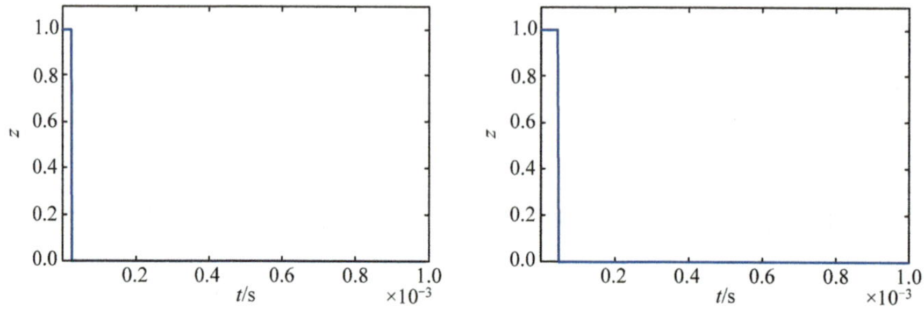


（a） $z_1$　　（b） $z_2$

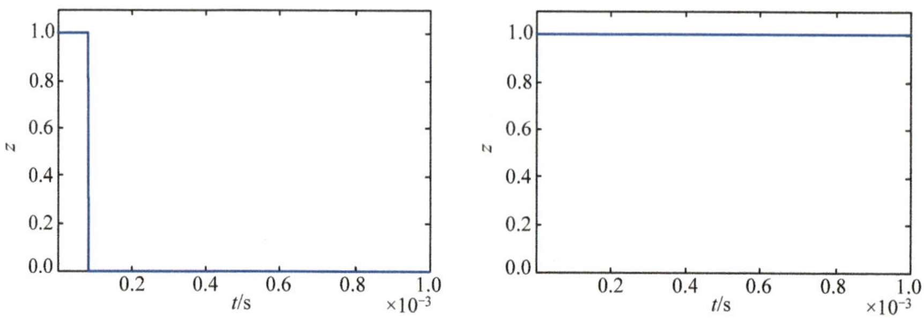


（c） $z_3$　　（d） $z_4$

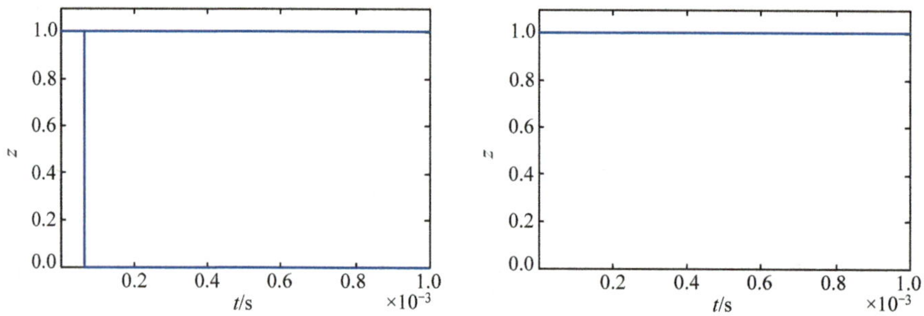


（e） $z_5$　　（f） $z_6$

图 4.4　静态输入时 D-*k* WTA 网络模型式（4.3）的输出向量 $\boldsymbol{z}$ 的瞬态行为

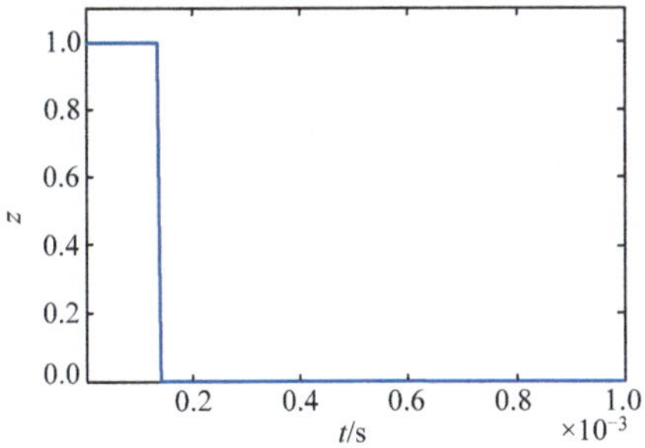


（g）$z_7$

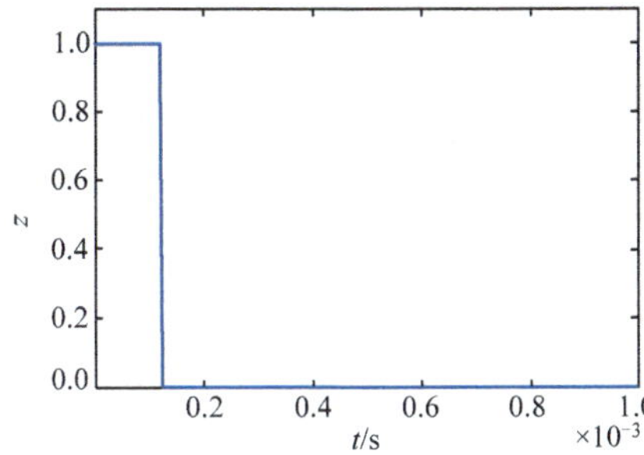


（h）$z_8$

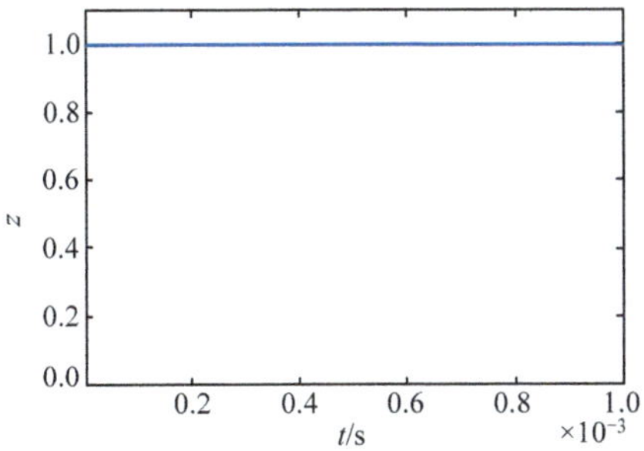


（i）$z_9$

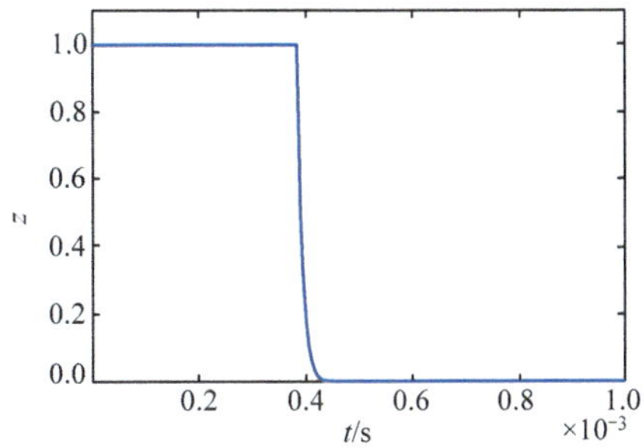


（j）$z_{10}$

图 4.4（续）

### 4.4.2　动态输入

本章还考虑了四个智能体的无向连接网络中的 $k$-WTA，即 $N=4$，$k=2$，其中智能体的输入是时变的。其网络通信图如图 4.5 所示，权重标记在边的旁边。四个智能体的输入如下：

$$u_i(t)=10\sin(4\pi(t+0.2(i-1)))$$

式中，$i=1,2,3,4$，在图 4.6 中可见。采用本章所提出的 D-$k$WTA 网络模型式(4.3)，参数值设置为 $\varepsilon=10^{-9}$，$\alpha=0.1$，$C_0=0.01$。$\boldsymbol{x}$ 的初始状态是随机生成的，

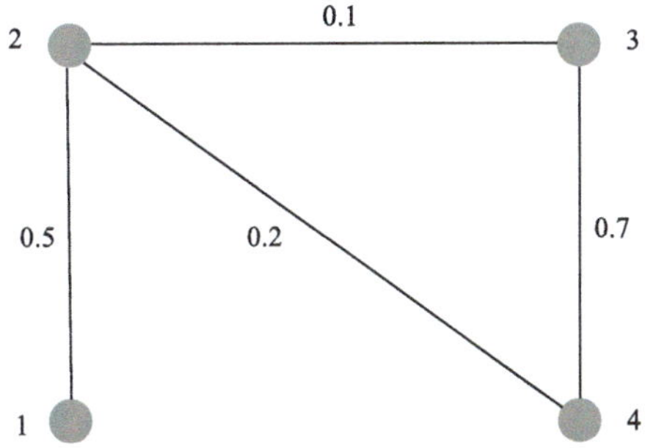


图 4.5　具有四个智能体的网络通信图

而 $\boldsymbol{y}(0)$ 根据定理 4.1 设置为零。从图 4.7 中可以看出，状态变量 $x_i$ 几乎实时达成共识。同时，图 4.8 显示状态变量 $y_i$ 几乎实时达成一致性。通过比较图 4.9 和图 4.6，可以看出本章所提出的 D-$k$WTA 网络模型式(4.3)几乎可以实时生成正确的赢家。

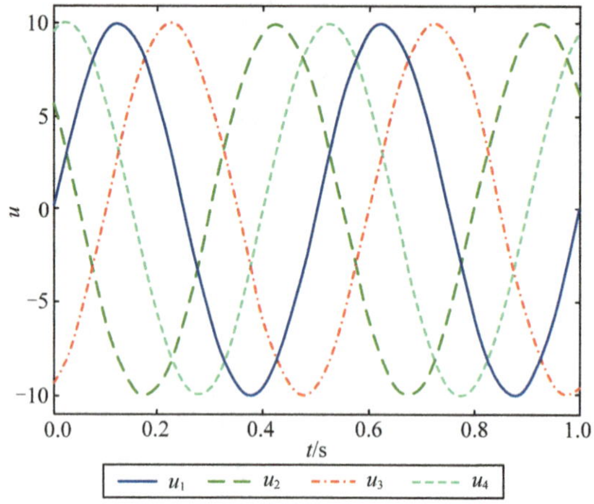


图 4.6　智能体的时变输入 $\boldsymbol{u}$ 的瞬态行为

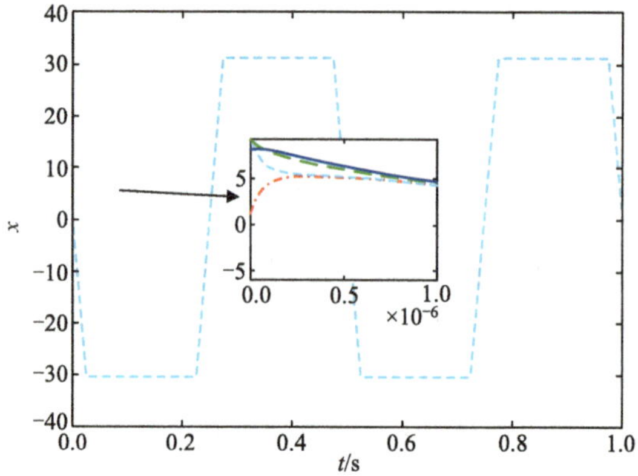


图 4.7　时变输入时 D-$k$ WTA 网络模型式（4.3）的状态向量 $\boldsymbol{x}$ 的瞬态行为

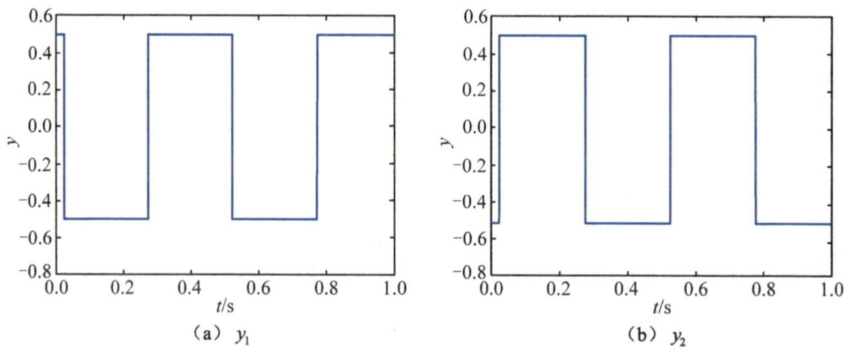


（a） $y_1$　　（b） $y_2$

图 4.8　时变输入时 D-$k$ WTA 网络模型式（4.3）的输出向量 $\boldsymbol{y}$ 的瞬态行为

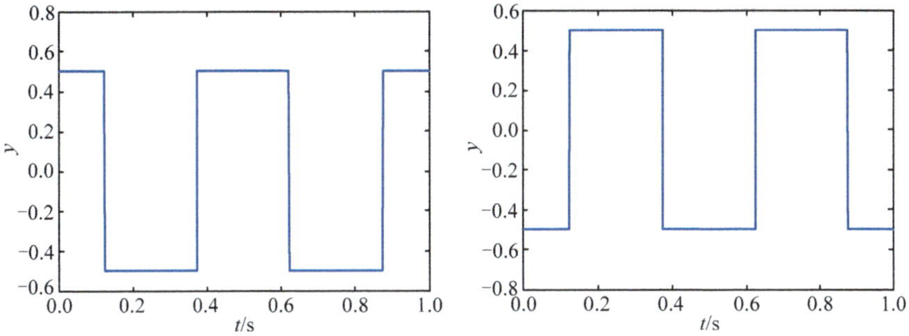


（c） $y_3$ （d） $y_4$

图 4.8（续）

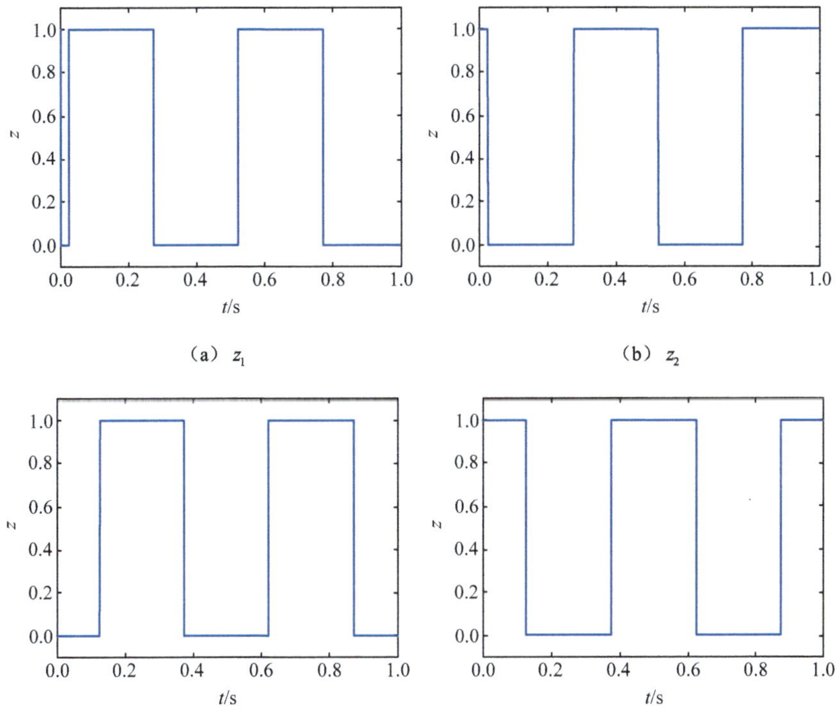


（a） $z_1$ （b） $z_2$

（c） $z_3$ （d） $z_4$

图 4.9 时变输入时 D-*k* WTA 网络模型式（4.3）的输出向量 $z$ 的瞬态行为

## 4.5 本 章 小 结

本章针对具有无向连接通信拓扑的代理网络提出了分布式全局渐近收敛 *k*-WTA 网络模型。本章所提出的 D-*k* WTA 网络模型在其不变集中的行为退化为

传统的集中式 $k$-WTA 网络模型，该模型源自 $k$-WTA 问题的二次规划公式，由此推导出理论结果。静态输入和动态输入情况下的两个例子验证了本章所提出模型的性能和理论结果。一个潜在的未来研究方向可能是将本章所提出的方法扩展到博弈论。

# 第5章　基于最优化视角的分布式赢者通吃网络

## 5.1　引　　言

本章重点研究将$k$-WTA 问题作为约束优化问题的等效公式。为了适应分布式计算场景，引入一个包含无向连通通信拓扑的拉普拉斯（Laplacian）矩阵的辅助变量。为了以分布式的方式解决优化问题，利用凸优化理论设计投影神经网络，提出 D-$k$WTA 网络模型。理论分析表明，D-$k$WTA 网络模型具有全局渐近稳定均衡性，其通过获取优化问题的最优解求得$k$-WTA 问题的解。最后，通过仿真验证所提出的$k$-WTA 网络模型的有效性、优势和约束$k$-WTA 问题的可扩展性。

$k$-WTA 问题旨在从一组具有$n$个输入的智能体中找出具有前$k$个最大输入的赢家，其中每个智能体都有一个输入。该问题可以被视为一个二元分类问题，其输出为 1（赢家）或 0（输家），决策边界为介于第$k$个最大输入和第$k+1$个最大输入之间的值。$k$-WTA 可应用于并行排序[106]、排序过滤[107]、优先调度[108]、任务分配[109-110]。注意，$k$-WTA 是 WTA 的泛化版本，WTA 可以看作$k$-WTA 的特殊情况，即$k=1$。对 WTA 感兴趣的读者可以参考文献[111]～文献[113]。

求解$k$-WTA 问题有两种模型，即离散时间模型和连续时间模型。本节重点关注连续时间$k$-WTA 网络模型。对于离散时间模型，有兴趣的读者可参考文献[114]。

对于连续时间$k$-WTA 网络模型，基于 Marinov 和 Hopfield 在文献[115]中的工作，Costea 和 Marinov[116]提出了一种基于霍普菲尔德（Hopfield）神经网络的$k$-WTA 操作模型，该模型的神经元为 sigmoidal 型，网络执行两个过程：输入和输出的顺序匹配过程，以及第$k$个和第$k+1$个输出之间的二进制稳态分离过程。Urahama 和 Nagao[117]将$k$-WTA 问题表示为 0-1 整数规划，并提出了具有低分辨率的$k$-WTA 操作电路实现。Liu 和 Wang[118]提出了一种将$k$-WTA 问题作为二次规划的经典公式，并提出了一种用于解决$k$-WTA 问题的对偶神经网络模型。Liu 和 Wang 通过利用凸优化工具和递归神经网络，为研究$k$-WTA 问题提供了一个系统的框架。与前向神经网络不同，这种递归神经网络不仅无须依赖大量数据的离线训练，还可以对神经元状态变量的收敛行为进行理论分析。采用此类神经网络，可以保证找到正确的$k$-WTA 解决方案。基于这一方案，许多$k$-WTA 网络模型应运而生，以改进网络收敛速度或简化网络结构，如文献[119]～文献[124]。此外，Sum 等[125-126]和 Lu 等[127]分析了 $k$-WTA 网络模型在噪声下的鲁棒性。Tymoshchuk 等[18,128]通过在连续时间 $k$-WTA 网络模型中引入使用狄拉克（Dirac）函数表示的二元脉冲序列，提出了一种状态轨迹到解的收敛速度受实施场景限制的 $k$-WTA 网络模型。文献[129]提出了一种 $k$-WTA 网络模型，其中 $k$ 是由状态变量的初始值隐含确定的。

然而，以上提到的 $k$-WTA 网络模型是集中式的。对于集中式的 $k$-WTA 网络模型，每个智能体都需要以某种形式获取所有智能体的某些信息。例如，考虑一个包含 $N$ 个智能体的网络，输入用 $u_i \in \mathbb{R}$ 表示，输出用 $z_i \in \mathbb{R}$ 表示。针对该网络，有学者提出的集中式 $k$-WTA 网络模型如下：

$$\begin{cases} \text{状态方案：} \dot{\chi} = \gamma(-\boldsymbol{1}^{\mathrm{T}} \boldsymbol{z} + k) \\ \text{输出方程：} \boldsymbol{z} = g\left(\boldsymbol{1}\chi + \dfrac{\boldsymbol{u}}{a}\right) \end{cases} \tag{5.1}$$

式中，$\chi \in \mathbb{R}$ 表示状态变量；$\boldsymbol{z} \in \mathbb{R}^N$ 表示输出向量；$\gamma > 0 \in \mathbb{R}$ 表示设计参数；投影函数 $g(\cdot)$ 的含义可在文献[123]中找到。在式（5.1）中，更新智能体 $i$ 的输出变量 $z_i$ 需要知道 $\chi$ 的值，而 $\chi$ 的状态演化需要知道网络中所有智能体的输入 $u_i$。因此，$k$-WTA 网络模型式（5.1）被称为集中式模型。显然，这种特性限制了 $k$-WTA 网络模型在解决大规模问题时的可扩展性，意味着它们不适用于 $\boldsymbol{u}$ 维度较大的 $k$-WTA 问题。同时，这也导致了将所有智能体的输入收集到处理 $\chi$ 状态演化的中心单元的实施成本较高，且实施很容易受到故障的影响。幸运的是，分布式方法没有这样的弱点。为提高可扩展性，文献[130]通过引入分布式估计器提出了 D-$k$WTA 网络模型。该模型在一定条件下具有全局渐近收敛性。然而，该 D-$k$WTA 网络模型收敛性的保证条件是受到约束的，这限制了其在某些应用场景中的使用。此外，对于复杂的 $k$-WTA 问题，如带有附加约束的 $k$-WTA 问题，该模型的可扩展性较差。

为了满足更多应用场景的需求，本章旨在通过利用 $k$-WTA 操作的新型问题形式和无向连通图的拉普拉斯矩阵的性质，为 D-$k$WTA 网络模型的设计提供新的视角。应当指出的是，拉普拉斯矩阵的性质在许多分布式控制和优化方法的设计和理论分析中扮演着重要的作用[131-135]。通过这种新的视角，可提供一种替代方案，以解决已有 $k$-WTA 网络模型的局限性。与文献[130]相比，当前的工作不依赖集中项的直接分布估计，有助于加快收敛速度。由于采用了优化公式，可以很容易地处理已有 D-$k$WTA 网络模型无法处理的附加约束。本章的工作也与集中式递归神经网络的设计和应用的工作[136-137]密切相关。本章的研究内容如下：通过重新构造 $k$-WTA 问题并利用拉普拉斯矩阵的性质，为 D-$k$WTA 网络模型的设计提供新的视角；提出一种可扩展的 D-$k$WTA 网络模型，该网络模型具有全局渐近收敛性，它可以很容易地适应额外的分布式等式约束。

## 5.2　背景知识

本章采用图论来描述$k$-WTA 过程中涉及的智能体网络拓扑结构。具体地，用图中的节点来表示每个智能体。如果网络中两个智能体之间存在连接，如$k$-WTA 网络模型实现的通信通道或硬件连接，则相应的两个节点之间存在无向连接。图由一组节点通过 $V=\{V_1,V_2,\cdots,V_n\}$ 表示，其中 $n$ 表示节点的数量；一组边用 $E=\{(i,j)\mid 节点i和节点j之间的一条边\}$ 表示。因此，图被表示为 $G=(V,E,\boldsymbol{A})$。每条边 $(i,j)$ 都有自己的权重，用 $a_{ij}$ 表示。要求 $a_{ij}>0$，而且没有自循环，即 $a_{ii}=0$，$\forall i\in V$。如果边 $(i,j)$ 不存在，那么 $a_{ij}=0$。节点 $i\in V$ 的邻居智能体集合被定义为 $\boldsymbol{N}(i)=\{j\in V\mid (i,j)\in E\}$，令 $\boldsymbol{A}=[a_{ij}]\in\mathbb{R}^{n\times n}$ 表示图的邻接矩阵，对角矩阵 $\boldsymbol{D}\in\mathbb{R}^{n\times n}$ 表示图的度矩阵，其中 $d_{ii}=\sum_{j\in \boldsymbol{N}(i)} a_{ij}$。图 $G$ 的拉普拉斯矩阵定义为 $\boldsymbol{L}=\boldsymbol{D}-\boldsymbol{A}$。

本章考虑网络拓扑可以用无向连通图描述的情况。值得指出的是，无向连通图的拉普拉斯矩阵$\boldsymbol{L}$具有以下两个性质[31,131]。

性质 1：$\boldsymbol{L}$是对称和半正定的。

性质 2：$\boldsymbol{L}$的特征值中只有一个为 0，其余的特征值都是严格大于 0 的。拉普拉斯矩阵$\boldsymbol{L}$对应于特征值 0 的特征向量是列向量$\boldsymbol{1}$，其中每个元素均为 1。

$k$-WTA 问题最初被表述为如下二次规划（quadratic programming，QP）问题[98,118]：

$$\begin{cases}\min & \alpha\boldsymbol{x}^{\mathrm{T}}\boldsymbol{x}/2-\boldsymbol{u}^{\mathrm{T}}\boldsymbol{x}\\ \text{s.t.} & \boldsymbol{1}^{\mathrm{T}}\boldsymbol{x}=k\\ & \boldsymbol{x}\in\Omega\end{cases}\tag{5.2}$$

式中，$\Omega=\{\boldsymbol{x}\in\mathbb{R}^n\mid 0\leqslant x_i\leqslant 1,\forall i\in\{1,2,\cdots,n\}\}$；$\boldsymbol{x}=[x_1,x_2,\cdots,x_n]^{\mathrm{T}}\in\mathbb{R}^n$ 是封装决策信息的决策向量；$\boldsymbol{u}=[u_1,u_2,\cdots,u_n]^{\mathrm{T}}\in\mathbb{R}^n$ 是输入向量；$\boldsymbol{1}=[1,1,\cdots,1]^{\mathrm{T}}\in\mathbb{R}^n$；$\alpha>0\in\mathbb{R}$ 是设计参数。在这个问题中，决策变量是$\boldsymbol{x}$。约束$\boldsymbol{x}\in\Omega$对决策输出给出了要求，即$x_i$要么是 1（赢家）要么是 0（输家）。综合考虑，$\boldsymbol{1}^{\mathrm{T}}\boldsymbol{x}=k$ 的约束意味着只有$k$个赢家。在上述约束下，只有当前$k$个最大的输入者被确定为赢家时，即正确的赢家被激活后，即前$k$个最大的输入者是赢家时，性能指标才达到最优值，这一点在文献[98]中已经被理论证明。

关于$k$-WTA 问题式（5.2）的有效性，有以下引理。

**引理 5.1**　设 $u_k^*$ 和 $u_{k+1}^*$ 分别表示 $\boldsymbol{u}$ 中第 $k$ 和第 $k+1$ 个最大元素，如果

$u_k^* - u_{k+1}^* \geqslant \alpha > 0$，那么对于$k$-WTA 问题式（5.2）的最优解和以下$k$-WTA 问题的解是相同的[98,118]：

$$x_i = \begin{cases} 1, & \text{如果} u_i \in \boldsymbol{u} \text{ 的前} k \text{个最大元素} \\ 0, & \text{其他} \end{cases} \tag{5.3}$$

根据引理 5.1 可以看出，基于$k$-WTA 问题式（5.2）所提出的方法的有效性取决于参数$\alpha$，它可以被视为数据集的分辨率。因此，$\alpha$的设置取决于应用场景。在实践中，输入$\boldsymbol{u}$可能是一些物理测量（如距离），在这种情况下，$\alpha$可以根据测量传感器的分辨率进行设置。同时，输入通常通过通信信道传输，由于带宽有限，在数据传输之前需要量化，因此可以根据量化方法确定$\alpha$的值。

## 5.3 分布式$k$-WTA 网络模型的设计

本节介绍 D-$k$WTA 网络模型的设计过程。首先，通过包含图的拉普拉斯矩阵提出一种新型公式。其次，基于该公式和凸优化工具，设计并提出一种新的 D-$k$WTA 网络模型以解决$k$-WTA 问题。

### 5.3.1 $k$-WTA 的新型设计公式

通过利用无向连通图的拉普拉斯矩阵的性质来导出$k$-WTA 问题式（5.2）的等价公式。针对所提出的新型 D-$k$WTA 网络模型，有以下引理。

**引理 5.2** 如果$\rho > 0$，那么$\boldsymbol{L} + \rho \boldsymbol{1}\boldsymbol{1}^{\mathrm{T}} / n$是可逆的，其中$\boldsymbol{L}$是无向连通图的拉普拉斯矩阵，其节点数为$n$。

**证明** 根据文献[138]中谱定理的性质 1 和性质 2，有

$$\boldsymbol{L} = \gamma_1 \boldsymbol{a}_1 \boldsymbol{a}_1^{\mathrm{T}} + \gamma_2 \boldsymbol{a}_2 \boldsymbol{a}_2^{\mathrm{T}} + \cdots + \gamma_n \boldsymbol{a}_n \boldsymbol{a}_n^{\mathrm{T}}$$

式中，$0 = \gamma_1 < \gamma_2 \leqslant \cdots \leqslant \gamma_n$且$\gamma_i$表示$\boldsymbol{L}$的特征值；$\boldsymbol{a}_i$表示$\boldsymbol{L}$对应的正交特征向量，且$\boldsymbol{a}_1 = \boldsymbol{1} / \sqrt{n}$。由此可知

$$\boldsymbol{L} + \frac{\rho \boldsymbol{1}\boldsymbol{1}^{\mathrm{T}}}{n} = \rho \boldsymbol{a}_1 \boldsymbol{a}_1^{\mathrm{T}} + \gamma_2 \boldsymbol{a}_2 \boldsymbol{a}_2^{\mathrm{T}} + \cdots + \gamma_n \boldsymbol{a}_n \boldsymbol{a}_n^{\mathrm{T}}$$

是一个正定对称矩阵。因此，$\boldsymbol{L} + \dfrac{\rho \boldsymbol{1}\boldsymbol{1}^{\mathrm{T}}}{n}$是可逆的，证明结束。

根据引理 5.2，得到如下结果。

**引理 5.3** $k$-WTA 问题式（5.2）的约束条件(s.t.) $\boldsymbol{1}^{\mathrm{T}} \boldsymbol{x} = k$ 等价于

$$\boldsymbol{x} = \frac{k\boldsymbol{1}}{n} + \boldsymbol{L}\boldsymbol{y}$$

式中，$\boldsymbol{y}=\boldsymbol{L}_0(\boldsymbol{L}+\rho\boldsymbol{1}\boldsymbol{1}^{\mathrm{T}}/n)^{-1}\boldsymbol{x}\in\mathbb{R}^n$ 且 $\rho>0\in\mathbb{R}$。

**证明**　首先证明充分性，有

$$\boldsymbol{x}=\frac{\boldsymbol{1}\boldsymbol{1}^{\mathrm{T}}\boldsymbol{x}}{n}+\boldsymbol{x}-\frac{\boldsymbol{1}\boldsymbol{1}^{\mathrm{T}}\boldsymbol{x}}{n} \tag{5.4}$$

令

$$\boldsymbol{L}_0=\boldsymbol{I}-\frac{\boldsymbol{1}\boldsymbol{1}^{\mathrm{T}}}{n}$$

式中，$\boldsymbol{I}$ 表示 $n\times n$ 维的单位矩阵。根据拉普拉斯矩阵的性质 2，有

$$\boldsymbol{L}\boldsymbol{1}=\boldsymbol{0}$$

进一步可得

$$\boldsymbol{L}\boldsymbol{L}_0=\boldsymbol{L}\left(\boldsymbol{I}-\frac{\boldsymbol{1}\boldsymbol{1}^{\mathrm{T}}}{n}\right)=\boldsymbol{L}=\boldsymbol{L}_0\boldsymbol{L} \tag{5.5}$$

将 $k$-WTA 问题式（5.2）的 $\boldsymbol{1}^{\mathrm{T}}\boldsymbol{x}=k$ 代入式（5.4）可得到

$$\boldsymbol{x}=\frac{\boldsymbol{1}k}{n}+\boldsymbol{L}_0\boldsymbol{x}$$

结合引理 5.2、式（5.5）和拉普拉斯矩阵的性质 2，即 $\boldsymbol{L}\boldsymbol{1}=\boldsymbol{0}$，可以得到

$$\begin{aligned}
\boldsymbol{x}&=\frac{\boldsymbol{1}k}{n}+\boldsymbol{L}_0\left(\boldsymbol{L}+\frac{\rho\boldsymbol{1}\boldsymbol{1}^{\mathrm{T}}}{n}\right)\left(\boldsymbol{L}+\frac{\rho\boldsymbol{1}\boldsymbol{1}^{\mathrm{T}}}{n}\right)^{-1}\boldsymbol{x}\\
&=\frac{\boldsymbol{1}k}{n}+\boldsymbol{L}_0\boldsymbol{L}\left(\boldsymbol{L}+\frac{\rho\boldsymbol{1}\boldsymbol{1}^{\mathrm{T}}}{n}\right)^{-1}\boldsymbol{x}\\
&=\frac{\boldsymbol{1}k}{n}+\boldsymbol{L}\boldsymbol{L}_0\left(\boldsymbol{L}+\frac{\rho\boldsymbol{1}\boldsymbol{1}^{\mathrm{T}}}{n}\right)^{-1}\boldsymbol{x}\\
&=\frac{\boldsymbol{1}k}{n}+\boldsymbol{L}\boldsymbol{y}
\end{aligned}$$

式中，$\boldsymbol{y}=\boldsymbol{L}_0(\boldsymbol{L}+\rho\boldsymbol{1}\boldsymbol{1}^{\mathrm{T}}/n)^{-1}\boldsymbol{x}$。

在等式 $\boldsymbol{x}=k\boldsymbol{1}/n+\boldsymbol{L}\boldsymbol{y}$ 的两边同时左乘 $\boldsymbol{1}^{\mathrm{T}}$，其必要性很容易得到验证。由拉普拉斯矩阵的性质 2，可以得到

$$\boldsymbol{1}^{\mathrm{T}}\boldsymbol{x}=\boldsymbol{1}^{\mathrm{T}}\left(\frac{k\boldsymbol{1}}{n}+\boldsymbol{L}\boldsymbol{y}\right)=\frac{\boldsymbol{1}^{\mathrm{T}}k\boldsymbol{1}}{n}=k$$

证明完成。

基于上述引理，$k$-WTA 问题表示为

$$\begin{cases} \min_x & \dfrac{\alpha \boldsymbol{x}^{\mathrm{T}} \boldsymbol{x}}{2} - \boldsymbol{u}^{\mathrm{T}} \boldsymbol{x} \\ \text{s.t.} & \boldsymbol{x} = \dfrac{k\boldsymbol{1}}{n} + \boldsymbol{L}\boldsymbol{y} \\ & \boldsymbol{x} \in \Omega \end{cases} \tag{5.6}$$

该式显式地包括了在分布式计算模型设计中起重要作用的拉普拉斯矩阵 $\boldsymbol{L}$。

### 5.3.2 网络构建

根据先前在投影神经网络[136-137]上的研究，本小节基于式（5.6）设计一种新的 D-$k$ WTA 网络模型。

在展示推导过程之前，对投影算子和正则锥的定义进行回顾。

**定义 5.1**（投影算子） $P_\Omega(\cdot)$ 表示投影到集合 $\Omega$ 上。具体来说，

$$P_\Omega(\boldsymbol{x}) = \operatorname{argmin}_{\boldsymbol{y} \in \Omega} \| \boldsymbol{x} - \boldsymbol{y} \|_2$$

式中，$\|\cdot\|_2$ 表示向量的欧几里得范数。

**定义 5.2**（正则锥） 对于 $\Omega \subset \mathbb{R}^n$ 的封闭凸集和 $\boldsymbol{x} \in \Omega$，$\Omega$ 在 $\boldsymbol{x}$ 处的正则锥用 $N_\Omega(\boldsymbol{x})$ 表示，定义为

$$N_\Omega(\boldsymbol{x}) = \{\varphi \in \mathbb{R}^n \mid (\boldsymbol{y} - \boldsymbol{x})^{\mathrm{T}} \varphi \leqslant 0, \forall \boldsymbol{y} \in \Omega\}$$

要使用递归神经网络解决 $k$-WTA 问题式（5.6），传统方法是考虑以下拉格朗日方程：

$$\mathcal{L}_1(\boldsymbol{x}, \boldsymbol{y}, \boldsymbol{\lambda}) = \frac{\alpha \boldsymbol{x}^{\mathrm{T}} \boldsymbol{x}}{2} - \boldsymbol{u}^{\mathrm{T}} \boldsymbol{x} + \boldsymbol{\lambda}^{\mathrm{T}} \left( \boldsymbol{x} - \frac{k\boldsymbol{1}}{n} - \boldsymbol{L}\boldsymbol{y} \right)$$

式中，$\boldsymbol{\lambda} \in \mathbb{R}^n$ 称为拉格朗日乘子。在本章中，为了提高神经动力学的收敛速度，考虑以下拉格朗日方程：

$$\mathcal{L}_2(\boldsymbol{x}, \boldsymbol{y}, \boldsymbol{\lambda}) = \frac{\alpha \boldsymbol{x}^{\mathrm{T}} \boldsymbol{x}}{2} - \boldsymbol{u}^{\mathrm{T}} \boldsymbol{x} + \boldsymbol{\lambda}^{\mathrm{T}} \left( \boldsymbol{x} - \frac{k\boldsymbol{1}}{n} - \boldsymbol{L}\boldsymbol{y} \right) - \boldsymbol{\lambda}^{\mathrm{T}} \boldsymbol{L} \boldsymbol{\lambda}$$

且有

$$\frac{\partial \mathcal{L}_2(\boldsymbol{x}, \boldsymbol{y}, \boldsymbol{\lambda})}{\partial \boldsymbol{x}} = \alpha \boldsymbol{x} - \boldsymbol{u} + \boldsymbol{\lambda}$$

$$\frac{\partial \mathcal{L}_2(\boldsymbol{x}, \boldsymbol{y}, \boldsymbol{\lambda})}{\partial \boldsymbol{y}} = -\boldsymbol{L}\boldsymbol{\lambda}$$

$$\frac{\partial \mathcal{L}_2(\boldsymbol{x}, \boldsymbol{y}, \boldsymbol{\lambda})}{\partial \boldsymbol{\lambda}} = \boldsymbol{x} - \frac{k\boldsymbol{1}}{n} - \boldsymbol{L}\boldsymbol{y} - \boldsymbol{L}\boldsymbol{\lambda}$$

根据前文的理论分析，所提出的 $k$-WTA 的收敛取决于 $\lambda_i$ 的一致性，即 $\boldsymbol{L}\boldsymbol{\lambda}$ 收敛到零。因此，通过添加额外的项 $\boldsymbol{\lambda}^{\mathrm{T}} \boldsymbol{L} \boldsymbol{\lambda}$ 来消除 $\lambda_i$ 之间的差异，可以增强神经动力

学的收敛速度。注意，在后续的设计中使用$\boldsymbol{\lambda}$的梯度上升，即后文中的式（5.9）。因此，在$\mathcal{L}_2(\boldsymbol{x},\boldsymbol{y},\boldsymbol{\lambda})$中使用$-\boldsymbol{\lambda}^{\mathrm{T}}\boldsymbol{L}\boldsymbol{\lambda}$。式（5.6）的最优解与以下问题的鞍点相同：

$$\min_{\boldsymbol{x}\in\boldsymbol{\Omega},\boldsymbol{y}}\max_{\boldsymbol{\lambda}}\mathcal{L}_2(\boldsymbol{x},\boldsymbol{y},\boldsymbol{\lambda}) \tag{5.7}$$

根据 KKT 条件[139]，式（5.7）的解满足以下条件：

$$\boldsymbol{0}\in\frac{\partial\mathcal{L}_2(\boldsymbol{x},\boldsymbol{y},\boldsymbol{\lambda})}{\partial\boldsymbol{x}}+N_{\Omega}(\boldsymbol{x})$$

$$\boldsymbol{0}=\frac{\partial\mathcal{L}_2(\boldsymbol{x},\boldsymbol{y},\boldsymbol{\lambda})}{\partial\boldsymbol{y}}$$

$$\boldsymbol{0}=\frac{\partial\mathcal{L}_2(\boldsymbol{x},\boldsymbol{y},\boldsymbol{\lambda})}{\partial\boldsymbol{\lambda}}$$

凭此可知

$$-\frac{\partial\mathcal{L}_2(\boldsymbol{x},\boldsymbol{y},\boldsymbol{\lambda})}{\partial\boldsymbol{x}}\in N_{\Omega}(\boldsymbol{x})$$

结合定义 5.2，进一步得到

$$\left(-\frac{\partial\mathcal{L}_2(\boldsymbol{x},\boldsymbol{y},\boldsymbol{\lambda})}{\partial\boldsymbol{x}}\right)^{\mathrm{T}}(\boldsymbol{\varphi}-\boldsymbol{x})\leqslant 0,\ \ \forall\boldsymbol{\varphi}\in\boldsymbol{\Omega} \tag{5.8}$$

从式（5.8）可以推断出

$$\left\|\left(\boldsymbol{x}-\frac{\partial\mathcal{L}_2(\boldsymbol{x},\boldsymbol{y},\boldsymbol{\lambda})}{\partial\boldsymbol{x}}-\boldsymbol{\varphi}\right)\right\|_2^2-\left\|\frac{\partial\mathcal{L}_2(\boldsymbol{x},\boldsymbol{y},\boldsymbol{\lambda})}{\partial\boldsymbol{x}}\right\|_2^2$$

$$=\|\boldsymbol{x}-\boldsymbol{\varphi}\|_2^2-2\left(\frac{\partial\mathcal{L}_2(\boldsymbol{x},\boldsymbol{y},\boldsymbol{\lambda})}{\partial\boldsymbol{x}}\right)^{\mathrm{T}}(\boldsymbol{x}-\boldsymbol{\varphi})\geqslant 0,\ \ \forall\boldsymbol{\varphi}\in\boldsymbol{\Omega}$$

根据定义 5.1，可以得到

$$\boldsymbol{x}=P_{\Omega}\left(\boldsymbol{x}-\frac{\partial\mathcal{L}_2(\boldsymbol{x},\boldsymbol{y},\boldsymbol{\lambda})}{\partial\boldsymbol{x}}\right)$$

在文献[136]和文献[137]的启发之下，考虑集合约束$\boldsymbol{x}\in\boldsymbol{\Omega}$，提出投影$k$-WTA（projection $k$-WTA，P-$k$WTA）神经网络来解决$k$-WTA 问题式（5.6）：

$$\begin{cases}\varepsilon\dot{\boldsymbol{x}}=-\boldsymbol{x}+P_{\Omega}\left(\boldsymbol{x}-\dfrac{1}{\alpha}\dfrac{\partial\mathcal{L}_2(\boldsymbol{x},\boldsymbol{\lambda})}{\partial\boldsymbol{x}}\right)=-\boldsymbol{x}+P_{\Omega}\left(\dfrac{1}{\alpha}(\boldsymbol{u}-\boldsymbol{\lambda})\right)\\ \varepsilon\dot{\boldsymbol{y}}=-\dfrac{1}{\alpha}\dfrac{\partial\mathcal{L}_2(\boldsymbol{x},\boldsymbol{\lambda})}{\partial\boldsymbol{y}}=\dfrac{\boldsymbol{L}\boldsymbol{\lambda}}{\alpha}\\ \varepsilon\dot{\boldsymbol{\lambda}}=\dfrac{1}{\alpha}\dfrac{\partial\mathcal{L}_2(\boldsymbol{x},\boldsymbol{\lambda})}{\partial\boldsymbol{\lambda}}=\dfrac{n\boldsymbol{x}-k\boldsymbol{1}-n\boldsymbol{L}\boldsymbol{y}-n\boldsymbol{L}\boldsymbol{\lambda}}{n\alpha}\end{cases} \tag{5.9}$$

式中，$\varepsilon>0\in\mathbb{R}$作为增益参数来调节网络动力学的收敛速度，较小的$\varepsilon$值会导致网络收敛较快。对于提出的 P-$k$WTA 网络模型式（5.9），可以通过直接观察网络中每个智能体的状态演变来说明其结构和信息流，如下所述。

**注释 5.1** 令

$$\Omega=\{l\,|\,0\leqslant l\leqslant 1\}$$

根据 P-$k$WTA 网络模型式（5.9），网络中各个智能体 $i\in V$ 的状态信息推导如下：

$$\begin{cases}\varepsilon\dot{x}_i=-x_i+P_{\Omega}\left(\dfrac{1}{\alpha}(u_i-\lambda_i)\right)\\ \varepsilon\dot{y}_i=\dfrac{1}{\alpha}\sum\limits_{j\in N(i)}a_{ij}(\lambda_i-\lambda_j)\\ \varepsilon\dot{\lambda}_i=\dfrac{1}{\alpha}\left(x_i-\dfrac{k}{n}-\sum\limits_{j\in N(i)}a_{ij}(y_i-y_j)-\sum\limits_{j\in N(i)}a_{ij}(\lambda_i-\lambda_j)\right)\end{cases}\tag{5.10}$$

从式（5.3）中可以看出，为了更新智能体 $i$ 的状态变量，智能体 $i$ 只需要知道自己的状态信息以及其邻居智能体 $j\in \boldsymbol{N}(i)$ 的状态信息 $x_i$、$y_i$ 和 $\lambda_i$ 即可。因此，本章提出的 P-$k$WTA 网络模型式（5.9）是分布式的。与此同时，在智能体的状态演化中存在自反馈，因此，本章提出的 P-$k$WTA 网络模型式（5.9）属于递归神经网络，可以使用模拟电路进行硬件实现。与完全连接的 $k$-WTA 网络模型相比，本章提出的 P-$k$WTA 网络模型式（5.9）的实施成本要低得多，适用于解决大规模 $k$-WTA 问题。从多智能体系统的角度来看，为了达到全局最优的决策竞争，智能体仅需要与相邻智能体进行通信，这种方案相较于集中式方案更加高效且可扩展。

本章提出的 P-$k$WTA 网络模型式(5.9)可以以离散时间的方式实现。设 $t_s=s\tau$，其中 $s\in\{0,1,2,\cdots\}$ 和 $\tau>0$ 分别表示采样时间索引和采样间隔。设 $x_i^s=x_i(t_s)$，$y_i^s=y_i(t_s)$，$\lambda_i^s=\lambda_i(t_s)$。通过使用欧拉差分法[137]，P-$k$WTA 网络模型式（5.10）的离散时间更新公式如下：

$$\begin{cases}x_i^{s+1}=x_i^s+\dfrac{\tau\left(-x_i^s+P_{\Omega}\left(\dfrac{1}{\alpha}(u_i-\lambda_i^s)\right)\right)}{\varepsilon}\\ y_i^{s+1}=y_i^s+\dfrac{\tau}{\alpha}\dfrac{\sum\limits_{j\in N(i)}a_{ij}(\lambda_i^s-\lambda_j^s)}{\varepsilon}\\ \lambda_i^{s+1}=\lambda_i^s+\dfrac{\tau}{\alpha}\dfrac{\left(x_i^s-\dfrac{k}{n}-\sum\limits_{j\in N(i)}a_{ij}(y_i^s-y_j^s)-\sum\limits_{j\in N(i)}a_{ij}(\lambda_i^s-\lambda_j^s)\right)}{\varepsilon}\end{cases}$$

式中，$\tau$ 应该设置为一个小的正数。

## 5.4　理论分析

本节对分布式 P-$k$WTA 网络模型式（5.9）的平衡点进行理论分析。

### 5.4.1　平衡有效性

本小节研究 P-$k$WTA 网络模型式（5.9）的平衡点与 $k$-WTA 问题式（5.2）的解之间的关系，结果如定理 5.1 所示。

**定理 5.1**　如果 $u_k^* - u_{k+1}^* \geqslant \alpha > 0$，则 P-$k$WTA 网络模型式（5.9）的平衡点也构成 $k$-WTA 解，即 $k$-WTA 问题式（5.2）的解。

**证明**　从 P-$k$WTA 网络模型式（5.9）可以看出，在平衡状态下，有

$$\begin{cases} \boldsymbol{x} = P_{\Omega}\left(\dfrac{1}{\alpha}(\boldsymbol{u} - \boldsymbol{\lambda})\right) \\ \boldsymbol{L\lambda} = \boldsymbol{0} \\ \dfrac{n\boldsymbol{x} - k\boldsymbol{1} - n\boldsymbol{Ly} - n\boldsymbol{L\lambda}}{n\alpha} = \boldsymbol{0} \end{cases} \tag{5.11}$$

根据拉普拉斯矩阵的性质 2，式（5.11）的第二个方程意味着 $\lambda$ 中的元素达成一致，有

$$\boldsymbol{\lambda} = \boldsymbol{1}\beta \tag{5.12}$$

式中，$\beta \in \mathbb{R}$ 表示协定值。这里使用 $\beta$ 是为了方便后面的分析，不需要知道它的值。通过在式（5.11）的第三个方程的两边同时左乘 $\boldsymbol{1}^{\mathrm{T}}$ 可以得到

$$\boldsymbol{1}^{\mathrm{T}}\boldsymbol{x} = k \tag{5.13}$$

根据式（5.11）～式（5.13），可以进一步发现

$$\boldsymbol{1}^{\mathrm{T}} P_{\Omega}\left(\frac{1}{\alpha}(\boldsymbol{u} - \boldsymbol{1}\beta)\right) = k \tag{5.14}$$

设 $u_k^*$ 和 $u_{k+1}^*$ 分别表示 $\boldsymbol{u}$ 中的第 $k$ 个最大元素和第 $k+1$ 个最大元素，且 $\alpha > 0$。根据式（5.3）中给出的 $k$-WTA 定义，以及式（5.2）中集合的定义，为确保式（5.14）中的 $\boldsymbol{u}$ 与 $k$-WTA 的解相同，应满足以下不等式：

$$\begin{cases} \dfrac{1}{\alpha}(u_k^* - \beta) \geqslant 1 \\ \dfrac{1}{\alpha}(u_{k+1}^* - \beta) \leqslant 0 \end{cases}$$

也就是说

$$\begin{cases} u_k^* - \beta \geqslant \alpha \\ u_{k+1}^* \leqslant \beta \end{cases} \tag{5.15}$$

显然，如果 $u_k^* - u_{k+1}^* \geqslant \alpha > 0$，则上述两个不等式成立。由此得出，如果 $u_k^* - u_{k+1}^* \geqslant \alpha > 0$，根据引理 5.1，P-$k$WTA 网络模型式（5.9）的平衡点与 $k$-WTA 问题式（5.2）的二次形式解相同。证明结束。

**注释 5.2** 从定理 5.1 的证明中可以观察到以下结果。在网络动态中，存在一个以 $\lambda$ 表示的一致性过程，其中用 $\beta$ 表示协议值。由式（5.15）的第一个方程可知 $\alpha > 0$，可以推导出 $\beta < u_k^*$。根据式（5.15）的第二个方程可进一步得出 $u_{k+1}^* \leqslant \beta < u_k^*$。这意味着 $\beta$（即均衡状态下 $\boldsymbol{\lambda}$ 的每个元素），可作为 $\boldsymbol{u}$ 中的前 $k$ 个最大元素和其他元素的决策边界。这揭示了本章所提出的分布式 P-$k$WTA 网络模型式（5.9）的一个有趣结论，即该模型为什么可以工作。具体而言，该模型通过局部通信找到全局决策边界，并根据获得的决策边界做出决策。

### 5.4.2 平衡稳定性

本小节分析分布式 P-$k$WTA 网络模型式（5.9）的平衡稳定性。在进行分析之前，首先回顾单调函数的定义。

**定义 5.3**（单调函数） 函数 $f(\cdot)$ 被称为单调函数，如果对于任意 $\boldsymbol{x}$、$\boldsymbol{y}$ 具有适当的维数，则下列不等式成立：

$$(\boldsymbol{x}-\boldsymbol{y})^{\mathrm{T}}(f(\boldsymbol{x})-f(\boldsymbol{y})) \geqslant 0$$

P-$k$WTA 网络模型式（5.9）的平衡稳定性由以下定理得到保证。

**定理 5.2** 所提的 P-$k$WTA 网络模型式（5.9）的平衡点是全局渐近稳定的。

**证明** 令

$$\chi = [\boldsymbol{x}^{\mathrm{T}}, \boldsymbol{y}^{\mathrm{T}}, \boldsymbol{\lambda}^{\mathrm{T}}]^{\mathrm{T}}$$

且有

$$\Lambda = \{\chi \mid \boldsymbol{x} \in \Omega, \boldsymbol{y} \in \mathbb{R}^n, \boldsymbol{\lambda} \in \mathbb{R}^n\}$$

将 P-$k$WTA 网络模型式（5.9）写成以下紧凑形式：

$$\varepsilon\dot{\chi} = -\chi + P_{\Lambda}(\chi - g(\chi)) \tag{5.16}$$

式中，

$$g(\chi) = \begin{bmatrix} \boldsymbol{x} - \dfrac{\boldsymbol{u}}{\alpha} + \dfrac{\boldsymbol{\lambda}}{\alpha} \\ -\boldsymbol{L}\dfrac{\boldsymbol{\lambda}}{\alpha} \\ \dfrac{-n\boldsymbol{x} + k\boldsymbol{1} + n\boldsymbol{L}\boldsymbol{y} + n\boldsymbol{L}\boldsymbol{\lambda}}{n\alpha} \end{bmatrix}$$

可得 $g(\chi)$ 的梯度为

$$\boldsymbol{\nabla}_g=\frac{\partial g(\chi)}{\partial \chi}=\begin{bmatrix} \boldsymbol{I} & \boldsymbol{0} & \dfrac{\boldsymbol{I}}{\alpha} \\ \boldsymbol{0} & \boldsymbol{0} & -\dfrac{\boldsymbol{L}}{\alpha} \\ -\dfrac{\boldsymbol{I}}{\alpha} & \dfrac{\boldsymbol{L}}{\alpha} & \dfrac{\boldsymbol{L}}{\alpha} \end{bmatrix}$$

式中，$\boldsymbol{0}$ 表示由 0 组成的 $n\times n$ 维矩阵。显然，通过拉普拉斯矩阵的性质 1、性质 2 以及 $\alpha>0$，可以得到

$$\boldsymbol{\nabla}_g^{\mathrm{T}}+\boldsymbol{\nabla}_g=\begin{bmatrix} 2\boldsymbol{I} & \boldsymbol{0} & \boldsymbol{0} \\ \boldsymbol{0} & \boldsymbol{0} & \boldsymbol{0} \\ \boldsymbol{0} & \boldsymbol{0} & \dfrac{\boldsymbol{L}}{\alpha} \end{bmatrix}$$

是半正定的。因此，通过中值定理，$\forall \boldsymbol{\eta}_1\in\mathbb{R}^{3n}, \boldsymbol{\eta}_2\in\mathbb{R}^{3n}$，有

$$\begin{aligned}(\boldsymbol{\eta}_1-\boldsymbol{\eta}_2)^{\mathrm{T}}(g(\boldsymbol{\eta}_1)-g(\boldsymbol{\eta}_2))&=(\boldsymbol{\eta}_1-\boldsymbol{\eta}_2)^{\mathrm{T}}\boldsymbol{\nabla}_g(\boldsymbol{\eta}_1-\boldsymbol{\eta}_2)\\&=(\boldsymbol{\eta}_1-\boldsymbol{\eta}_2)^{\mathrm{T}}\frac{\boldsymbol{\nabla}_g^{\mathrm{T}}+\boldsymbol{\nabla}_g}{2}(\boldsymbol{\eta}_1-\boldsymbol{\eta}_2)\geqslant 0\end{aligned}$$

根据定义 5.3 可知，$g(\chi)$ 是单调的，根据文献[140]中的定理 1 可进一步得出神经动力学式（5.16）在 Lyapunov 意义上是稳定的，状态变量 $\boldsymbol{\chi}$ 全局渐近收敛至 $\boldsymbol{\chi}^*=[\boldsymbol{x}^{*\mathrm{T}},\boldsymbol{y}^{*\mathrm{T}},\boldsymbol{\lambda}^{*\mathrm{T}}]^{\mathrm{T}}$，满足

$$(\chi-\chi^*)^{\mathrm{T}}g(\chi^*)\geqslant 0,\forall\chi\in\Lambda \tag{5.17}$$

通过式（5.17），可得到

$$\begin{aligned}&\|\chi^*-g(\chi^*)-\chi\|_2^2-\|\chi^*-g(\chi^*)-\chi^*\|_2^2\\=&\|\chi^*-\chi\|_2^2-2(\chi^*-\chi)^{\mathrm{T}}g(\chi^*)\\=&\|\chi^*-\chi\|_2^2+2(\chi^{-}\chi^*)^{\mathrm{T}}g(\chi^*)\geqslant 0,\forall\chi\in\Lambda\end{aligned}$$

其通过定义 5.1 可以进一步得到

$$\chi^*=P_{\Lambda}(\chi^*-g(\chi^*))$$

其即为式（5.9）的平衡点。因此，得出 P-$k$WTA 网络模型式（5.9）的平衡点是全局渐近稳定的。证明结束。

根据定理 5.1 和定理 5.2 可以得到如下推论。

**推论 5.1**　如果 $u_k^*-u_{k+1}^*\geqslant\alpha>0$，则 P-$k$WTA 网络模型式（5.9）的状态向量 $\boldsymbol{x}$ 全局渐近收敛到 $k$-WTA 问题式（5.2）的解。

基于推论 5.1，关于本章所提出的分布式 P-$k$WTA 网络模型式（5.9）相对于

文献[130]中提出的$k$-WTA 网络模型的优势，有以下讨论。

**注释 5.3** 文献[130]中提出的基于无向连接通信拓扑智能体的 D-$k$WTA 网络模型设计公式如下：

$$\begin{cases}\text{状态方程：} \varepsilon\dot{\boldsymbol{z}}=\rho\left(-\boldsymbol{y}-\boldsymbol{x}+\dfrac{k\boldsymbol{1}}{N}\right)-\rho\boldsymbol{L}\boldsymbol{z}\\ \text{状态方程：} \varepsilon\dot{\boldsymbol{y}}=-\boldsymbol{L}(\boldsymbol{y}+\boldsymbol{x})\\ \text{输出方程：} \boldsymbol{x}=P_{\Omega}\left(\boldsymbol{z}+\dfrac{\boldsymbol{u}}{\alpha}\right)\end{cases} \tag{5.18}$$

式中，$\varepsilon$、$\rho$和$\alpha$均为正的常数；$\boldsymbol{x}\in\mathbb{R}^n$、$\boldsymbol{y}\in\mathbb{R}^n$和$\boldsymbol{z}\in\mathbb{R}^n$为状态向量。根据文献[130]，如果$\boldsymbol{y}(0)=\boldsymbol{0}$，$\lambda_{2\min}(\boldsymbol{L})\geqslant 7.5\rho$，其中$\lambda_{2\min}(\boldsymbol{L})$表示通信图的拉普拉斯矩阵$\boldsymbol{L}$的次小特征值，那么 D-$k$WTA 网络模型式（5.18）的状态向量$\boldsymbol{x}$将全局渐近收敛于$k$-WTA 问题式（5.2）的解，且$0<\alpha\leqslant u_k^*-u_{k+1}^*$。根据推论 5.1，与已有的 D-$k$WTA 网络模型式（5.18）相比，本章提出的分布式 P-$k$WTA 网络模型式（5.9）在确保收敛至$k$-WTA 解的条件下，需要一个更温和的条件。具体而言，在本章提出的 P-$k$WTA 网络模型式（5.9）中，可以随机生成所有神经元的初始状态，从而方便网络的实际实施。同时，在本章提出的 P-$k$WTA 网络模型式（5.9）中，参数$\rho$被消除，因此不需要根据通信图的代数连接性即$\lambda_{2\min}(\boldsymbol{L})$的估计来适当设置$\rho$的值。

### 5.4.3 集合约束的满足

为了证明本章所提出的分布式 P-$k$WTA 网络模型式（5.9）满足集合约束$\boldsymbol{x}\in\boldsymbol{\Omega}$的性质，回顾以下引理。

**引理 5.4** 对于任何封闭集$C\subset\mathbb{R}^p$，$(\boldsymbol{q}-P_C(\boldsymbol{q}))^{\mathrm{T}}(\boldsymbol{q}-\boldsymbol{w})\geqslant 0$，$\forall\boldsymbol{w}\in C$，$\forall\boldsymbol{q}\in\mathbb{R}^p$，且当$\boldsymbol{q}\in C$时不等式成立[141]。

基于引理 5.4，有以下定理。

**定理 5.3** 若$\boldsymbol{x}(0)\in\boldsymbol{\Omega}$，则对于 P-$k$WTA 网络模型式（5.9）有$\boldsymbol{x}(t)\in\boldsymbol{\Omega}$，$\forall t\geqslant 0$。

**证明** 考虑 P-$k$WTA 网络模型式（5.9）的神经动力学式（5.16），可以定义函数：

$$d=\|\boldsymbol{\chi}-P_{\Lambda}(\boldsymbol{\chi})\|_2^2 \tag{5.19}$$

来测量距离$\boldsymbol{\chi}=[\boldsymbol{x}^{\mathrm{T}},\boldsymbol{y}^{\mathrm{T}},\boldsymbol{\lambda}^{\mathrm{T}}]^{\mathrm{T}}$对于集合$\Lambda=\{\boldsymbol{\chi}\mid\boldsymbol{x}\in\boldsymbol{\Omega},\boldsymbol{y}\in\mathbb{R}^n,\boldsymbol{\lambda}\in\mathbb{R}^n\}$。通过回顾$\boldsymbol{\chi}$和$\Lambda$的定义易发现距离$d$与$\boldsymbol{x}$到集合$\boldsymbol{\Omega}$的距离相同。根据文献[142]中的附录 E.9，有$\nabla\|\boldsymbol{\chi}-P_{\Lambda}(\boldsymbol{\chi})\|_2^2/2=\boldsymbol{\chi}-P_{\Lambda}(\boldsymbol{\chi})$。因此，沿 P-$k$WTA 网络模型式（5.9）的神经动力学式（5.16），距离$d$与时间$t$的导数如下：

$$
\begin{aligned}
\dot{d} &= (\chi - P_{\Lambda}(\chi))^{\mathrm{T}} \dot{\chi} \\
&= -\frac{1}{\varepsilon}(\chi - P_{\Lambda}(\chi))^{\mathrm{T}}(\chi - P_{\Lambda}(\chi - g(\chi)))
\end{aligned} \tag{5.20}
$$

从 $\Lambda$ 的定义易验证 $\Lambda$ 是一个闭凸集。同时，由投影算子的定义可知，$P_{\Lambda}(\chi - g(\chi)) \in \Lambda$。因此，由引理 5.4 可以得出 $(\chi - P_{\Lambda}(\chi))^{\mathrm{T}}(\chi - P_{\Lambda}(\chi - g(\chi))) \geqslant 0$，$\forall \chi$，结合 $\varepsilon > 0$ 和式（5.20），有 $\dot{d} \leqslant 0$。在 $\boldsymbol{x}(0) \in \boldsymbol{\Omega}$ 的条件下，根据式（5.19）中 $d$ 的定义，以及 $\chi$ 和 $\Lambda$ 的定义，可得到 $d(0) = \| \boldsymbol{x}(0) - P_{\Omega}(\boldsymbol{x}(0)) \|_2^2 = 0$，由此可进一步得出 $d(t) \equiv 0, \forall t \geqslant 0$，即 $\boldsymbol{x}(t) \in \boldsymbol{\Omega}$，$\forall t \geqslant 0$ 对于 P-$k$WTA 网络模型式（5.9）。证明结束。

根据定理 5.3，如果分布式 P-$k$WTA 网络模型式（5.9）的初始值在集合 $\boldsymbol{\Omega}$ 中，则其决策输出 $\boldsymbol{x}$ 总是在集合 $\boldsymbol{\Omega}$ 中。换句话说，可以轻松地保证不会违反式（5.6）中的集合约束。定理 5.2 表明，本章提出的 P-$k$WTA 网络模型具有任何初始值都可以收敛到最优解的性质，即 $\boldsymbol{x}$ 全局渐近收敛到理论解。但定理 5.2 的结果并不能直接暗示在瞬态过程中 $\boldsymbol{x} \in \boldsymbol{\Omega}$ 的约束是否会被违反。定理 5.3 的结果进一步表明，状态变量 $\boldsymbol{x}$ 总是符合集合约束 $\boldsymbol{x} \in \boldsymbol{\Omega}$。因此，结合定理 5.2 和定理 5.3 可知，本章所提出的 P-$k$WTA 网络模型是全局收敛的，且如果 $\boldsymbol{x}(0) \in \boldsymbol{\Omega}$，则集合约束 $\boldsymbol{x} \in \boldsymbol{\Omega}$ 总是满足的。因此认为定理 5.3 的结果对于一些要求实时满足 $\boldsymbol{x} \in \boldsymbol{\Omega}$ 约束的应用是重要的。

基于上述分析，本章对所提出的 P-$k$WTA 网络模型式（5.9）的潜力进行了以下讨论。

**注释 5.4**　竞争是有限资源的结果。在本章所提出的 P-$k$WTA 网络模型式（5.9）中，有限的资源体现为两部分。其中，一个明显的体现是等式约束 $\boldsymbol{1}^{\mathrm{T}} \boldsymbol{x} = k$ 被嵌入状态变量 $\lambda$ 的演化中，另一个隐式的体现是 $\boldsymbol{y}$ 的状态演变。事实上，在式（5.9）中，通过回顾 $\boldsymbol{1}^{\mathrm{T}} \boldsymbol{L} = \boldsymbol{0}$ 用于无向连通图，得到 $\boldsymbol{1}^{\mathrm{T}} \dot{\boldsymbol{y}} = \boldsymbol{0}$，这意味着 $\sum_{i=0}^{n} y_i(t) \equiv \sum_{i=0}^{n} y_i(0)$，$\forall t \geqslant 0$。在上述两部分所反映的资源有限的情况下，智能体根据其输入 $\boldsymbol{u}$ 与相邻智能体自主协商，并就资源分配的决策边界达成一致，该边界由状态演化 $\lambda$ 描述。在协商过程中，智能体根据暂态决策边界 $\lambda$ 自动更新自身的决策输出，从而生成更好的决策边界。

## 5.5　仿真验证与比较分析

本节提供并讨论仿真结果。在仿真中，考虑一个包含10个智能体的网络，即 $n = 10$，其通信拓扑的图演示如图 5.1 所示。为了便于表示，设置 $a_{ij} = 1$，如果 $(i, j) \in E$，则 $\forall i, j \in V$。

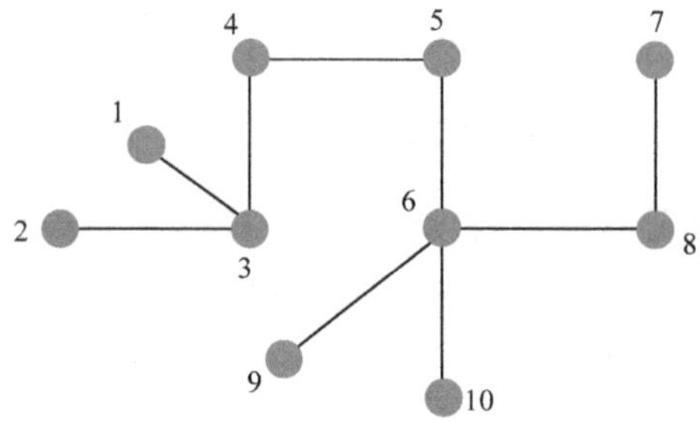


图 5.1 10 个智能体的通信拓扑图演示

### 5.5.1 仿真验证

在仿真中，设置参数 $\alpha=0.01$，$\varepsilon=10^{-4}$ 和 $k=3$，并期望根据给定的输入 $\boldsymbol{u}=[1,4,9,12.2,3.9,10,5.9,6.2,13.1,7]^{\mathrm{T}}$ 从 10 个智能体中产生 3 个赢家。可以容易地发现，当前设置的 $\alpha$ 满足 5.4 节中的要求。在仿真中，P-$k$WTA 网络模型式（5.9）的 $\boldsymbol{x}$、$\boldsymbol{y}$ 和 $\boldsymbol{\lambda}$ 的初始值是随机生成的。从图 5.2（a）中可以看出，$x_4$、$x_6$ 和 $x_9$ 的值收敛到 1，而其他值收敛到 0。换言之，根据 P-$k$WTA 网络模型式（5.9）中定义的分布式协同规则，智能体自主地根据其输入决定了 3 个赢家。从输入向量 $\boldsymbol{u}$，即 $[1,4,9,12.2,3.9,10,5.9,6.2,13.1,7]^{\mathrm{T}}$ 中，可以人为地识别出 3 个赢家，即智能体 4、智能体 6 和智能体 9，这与仿真结果[图 5.2（a）]一致。同时，由图 5.2（a）可知，在仿真过程中，$\boldsymbol{x}$ 的每个元素总是在 $[0,1]$ 内，即式（5.2）中的约束 $\boldsymbol{x}\in\boldsymbol{\Omega}$ 总是满足的。从图 5.2（b）可以看出，$\boldsymbol{1}^{\mathrm{T}}\boldsymbol{x}$ 逐渐从 6 收敛到 3，也即 $k$-WTA 问题式（5.2）中的等式约束在仿真中逐渐得到满足。从图 5.2（c）中可以看出，从不同的初始值开始，$\boldsymbol{y}$ 的每个元素在仿真过程中逐渐收敛到一个稳定值。此外，从图 5.2（d）中可以看出，尽管 $\boldsymbol{\lambda}$ 的初始值不同，但是所有元素最终都达成了共识，先前在本章中用 $\beta$ 表示的共同值为 9，与给定的 $\boldsymbol{u}$ 中的第四大元素相同。这与在注释 5.2 中的理论分析相符，即 $u_{k+1}^{*}\leqslant\beta<u_k^{*}$。从图 5.2（e）中可以看出，$k$-WTA 问题的性能指标式（5.18）和式（5.6）收敛到大约 35，根据仿真数据，其精确值为 35.2850。根据给定的输入数据 $\boldsymbol{u}=[1,4,9,12.2,3.9,10,5.9,6.2,13.1,7]^{\mathrm{T}}$ 和参数设置，即 $\alpha=0.01$ 和 $k=3$，手动计算性能指标 $J^{*}$ 的理论最优值，得到 $J^{*}=0.01\times3/2-(12.2+10+13.1)=-35.2850$，这与仿真中性能指标的稳定值相同。这表明，借助所提出的 $k$-WTA 问题式（5.2），性能指标 $J$ 可以收敛到理论最优值。为了验证注释 5.4 中的讨论，检查向量 $\boldsymbol{y}$ 中元素的总和。考虑 MATLAB 的计算精度有限，基于与初始和的差异定义一个度量，即 $|\sum_{i=1}^{n}y_i(t)-\sum_{i=1}^{n}y_i(0)|$。从图 5.2（f）中可以看出，$\left|\sum_{i=1}^{n}y_i(t)-\sum_{i=1}^{n}y_i(0)\right|$ 的值小于 $1.2\times10^{-12}$，由于 MATLAB 的计算精度有

限，此值可以视为零。

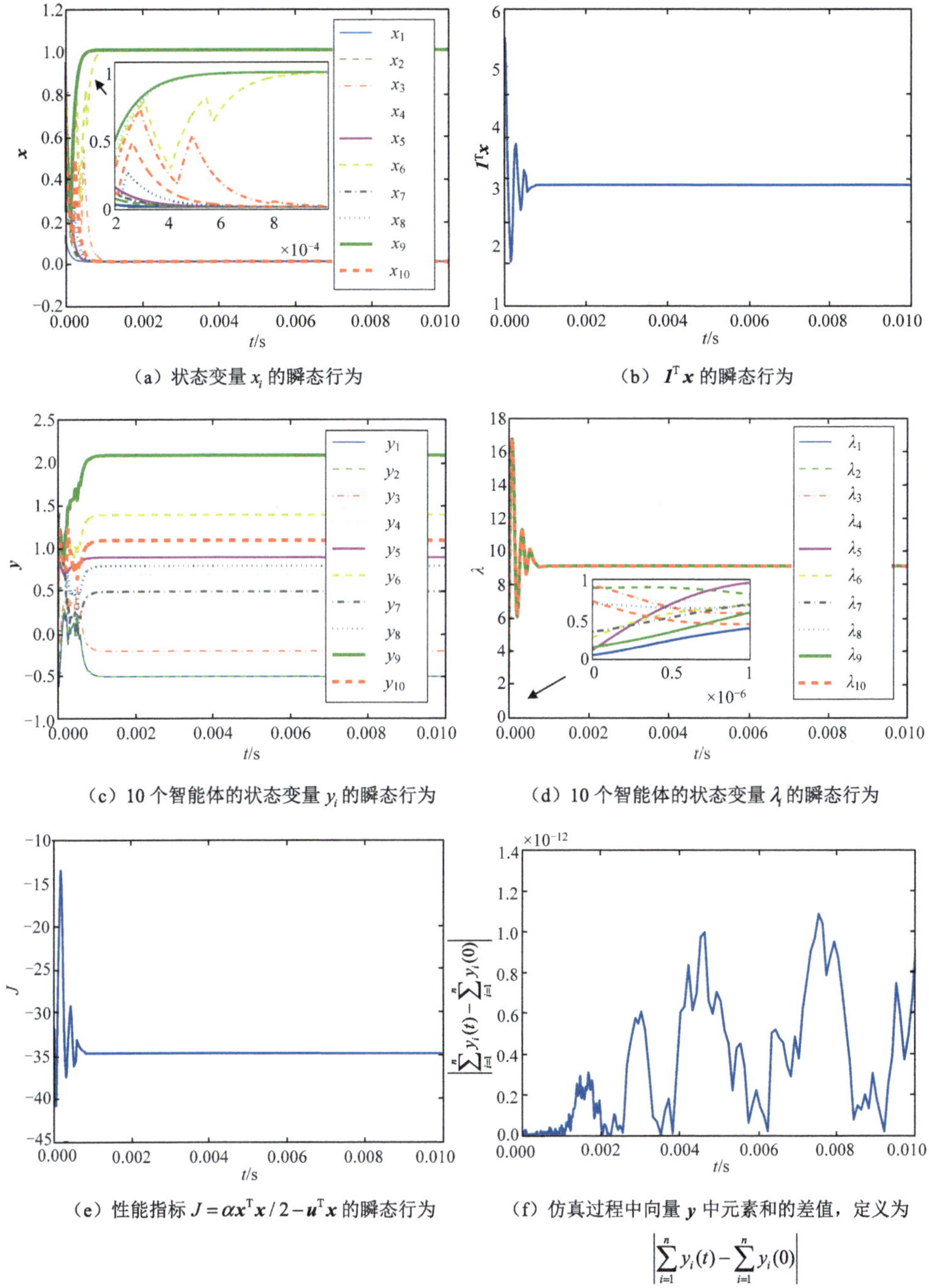


（a）状态变量 $x_i$ 的瞬态行为

（b）$\boldsymbol{l}^{\mathrm{T}}\boldsymbol{x}$ 的瞬态行为

（c）10 个智能体的状态变量 $y_i$ 的瞬态行为

（d）10 个智能体的状态变量 $\lambda_i$ 的瞬态行为

（e）性能指标 $J=\alpha\boldsymbol{x}^{\mathrm{T}}\boldsymbol{x}/2-\boldsymbol{u}^{\mathrm{T}}\boldsymbol{x}$ 的瞬态行为

（f）仿真过程中向量 $\boldsymbol{y}$ 中元素和的差值，定义为 $\left|\sum_{i=1}^{n} y_i(t) - \sum_{i=1}^{n} y_i(0)\right|$

图 5.2　采用静态输入 $\boldsymbol{u}=[1,4,9,12.2,3.9,10,5.9,6.2,13.1,7]^{\mathrm{T}}$ 和随机生成的初始值，由所提出的分布式 P-$k$ WTA 网络模型式（5.9）在 $k$-WTA 问题的求解过程中生成的 10 个智能体的仿真结果图

本章提出的 P-$k$WTA 网络模型也在 $\boldsymbol{u}\in\mathbb{R}^{100}$ 中进行了测试，测试使用了 100 个智能体，智能体输入如图 5.3 所示，其通信图如图 5.4 所示。考虑 $k=4$ 的情况，其理论赢家是智能体 12、智能体 10、智能体 57 和智能体 20。在 $\alpha=0.01$ 和 $\varepsilon=10^{-4}$ 的情况下，仿真中的相关数据如图 5.5 所示。从图 5.5 中可以看出，状态变量收敛，$\boldsymbol{1}^{\mathrm{T}}\boldsymbol{x}$ 收敛到 4，与理论结果一致。从图 5.6 中可以看出，在稳态时，$x_{10}=x_{12}=x_{20}=x_{57}=1$，而其他智能体的 $x_i=0$，这意味着本章提出的 P-$k$WTA 网络模型式（5.9）产生了正确的 4-WTA 结果。仿真结果验证了本章提出的 P-$k$WTA 网络在大规模 $k$-WTA 问题中的有效性。

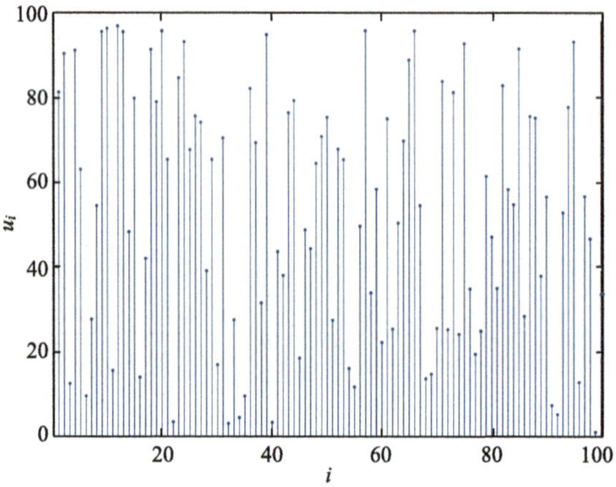


图 5.3　100 个智能体的输入

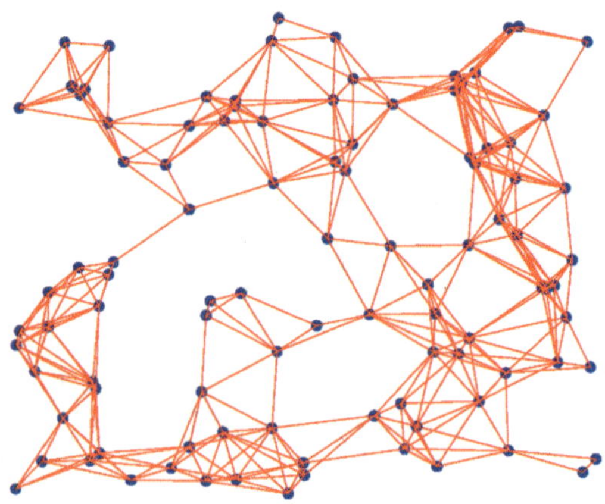

图 5.4　100 个智能体的通信图

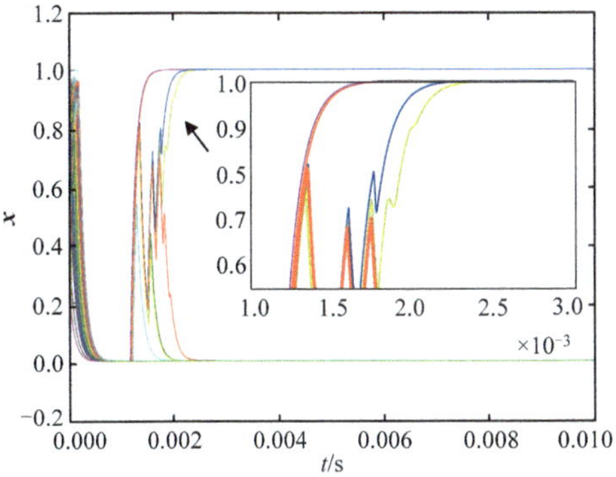


(a) 状态变量 $x_i$ 的瞬态行为

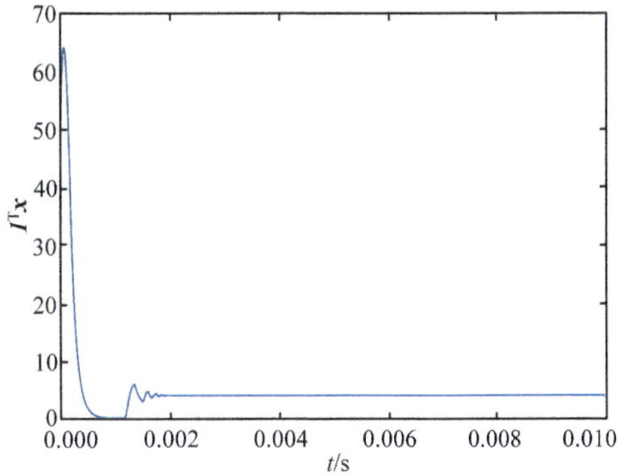


(b) $\boldsymbol{l}^{\mathrm{T}}\boldsymbol{x}$ 的瞬态行为

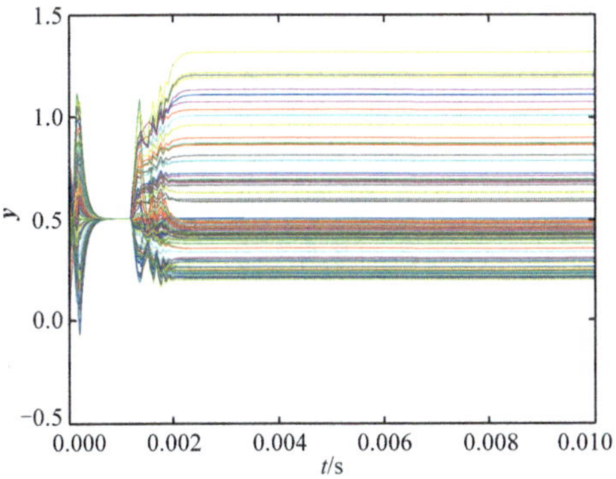


(c) 100 个智能体的状态变量 $y_i$ 的瞬态行为

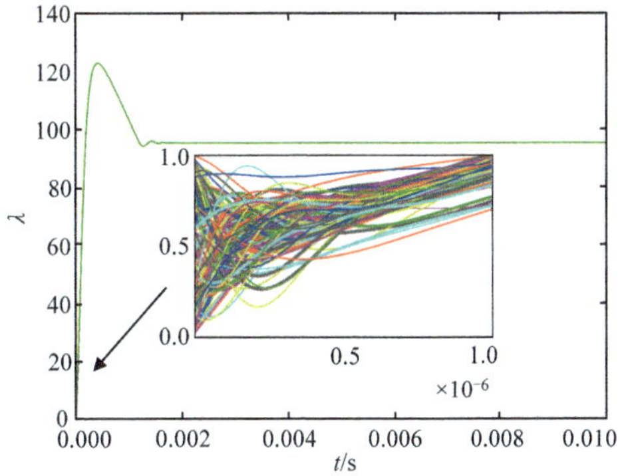


(d) 100 个智能体的状态变量 $\lambda_i$ 的瞬态行为

图 5.5　采用 $k=4$，$\alpha=0.01$，$\varepsilon=10^{-4}$ 时所提分布式 P-$k$WTA 网络模型式 (5.9) 在 $k$-WTA 问题的求解过程中生成 100 个智能体的仿真结果

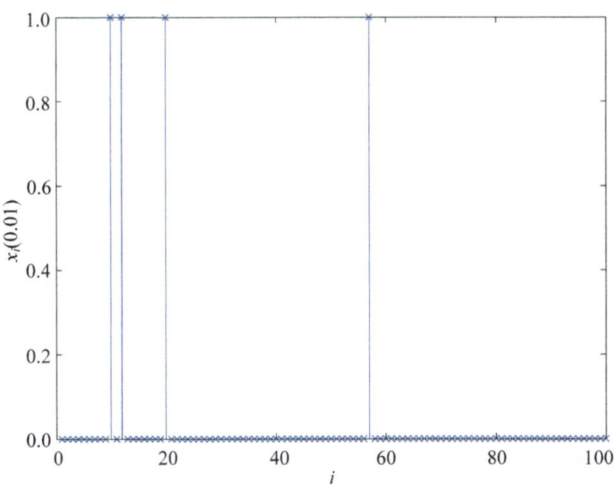


图 5.6　稳态 $\boldsymbol{x}$ 的具体数据信息

### 5.5.2 与已有 D-$k$WTA 网络模型的比较

为了展示本章提出的模型与注释 5.3 中讨论的已有 D-$k$WTA 网络模型相比的优势，使用 5.5.1 小节中所述的 10 个智能体对文献[130]中提出的已有 $k$-WTA 网络模型式（5.18）进行进一步的仿真。对 $\boldsymbol{y}(0)=\boldsymbol{0}$ 和 $\boldsymbol{y}(0)\neq\boldsymbol{0}$ 分别进行仿真，其他参数和初始值设置为与已有 $k$-WTA 网络模型式（5.18）相同的值，具体而言，$\alpha=0.01$，$\varepsilon=10^{-6}$，$\rho=10^{-3}$，$k=3$。从图 5.7 中可以看出，当 $\boldsymbol{y}(0)=\boldsymbol{0}$ 时，已有的 $k$-WTA 网络模型式（5.18）可以使性能指标 $J$ 的值收敛到与 $k$-WTA 解决方案相对应的理论最优值。同时，图 5.7 表明，如果 $\boldsymbol{y}(0)\neq\boldsymbol{0}$，性能指标 $J$ 收敛到零，则表明已有的 $k$-WTA 网络模型式（5.18）具有局限性。然而，从图 5.2 可以看出，在非零初始值下，本章所提出的 P-$k$WTA 网络模型式（5.9）能够保证收敛到 $k$-WTA 问题的正确解。实际上，通过比较图 5.2 和图 5.7 可以发现，与已有的 D-$k$WTA 网络模型式（5.18）相比，本章所提出的分布式 P-$k$WTA 网络模型式（5.9）具有更快的收敛速度，尽管对模型式（5.18）施加了更强的反馈。为了公平比较，对 P-$k$WTA 网络模型式（5.9）进行一次仿真，将所有初始值设置为 0，其仿真结果如图 5.8 所示。从图 5.8 中可以看出，当所有初始值都为 0 时，本章提出的 P-$k$WTA 网络模型式（5.9）仍然具有令人满意的性能。图 5.2 和图 5.8 中的仿真结果证明，本章提出的 P-$k$WTA 网络模型式（5.9）的平衡是全局收敛的，表明它优于文献[130]中提出的已有 $k$-WTA 网络模型式（5.18）。总之，本章提出的 P-$k$WTA 网络模型式（5.9）需要更温和的条件来确保收敛，并具有更快的收敛速度。

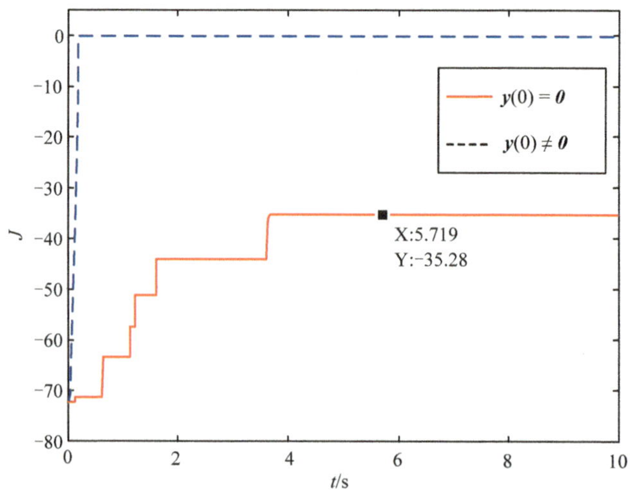


图 5.7　采用文献[130]中提出的 D-$k$WTA 网络模型式（5.18）在 $\boldsymbol{y}$ 的不同初始值下对 10 个智能体的性能指标 $J=\alpha\boldsymbol{x}^{\mathrm{T}}\boldsymbol{x}/2-\boldsymbol{u}^{\mathrm{T}}\boldsymbol{x}$ 的比较

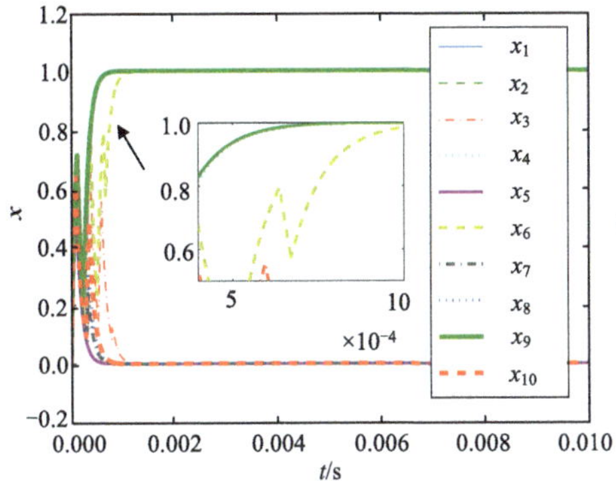


（a）状态变量 $x_i$ 的瞬态行为

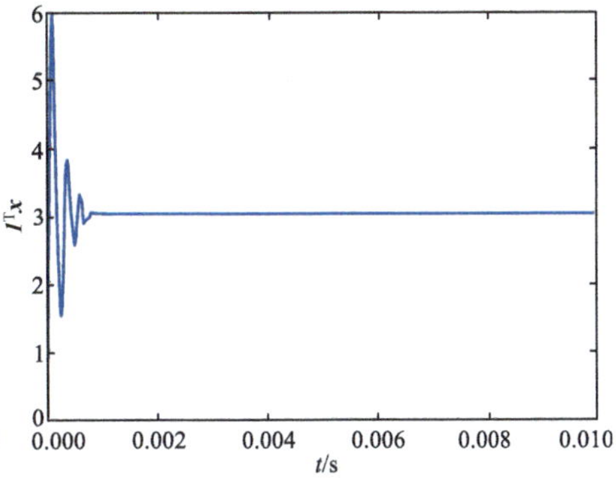


（b）$\boldsymbol{1}^{\mathrm{T}}\boldsymbol{x}$ 的瞬态行为

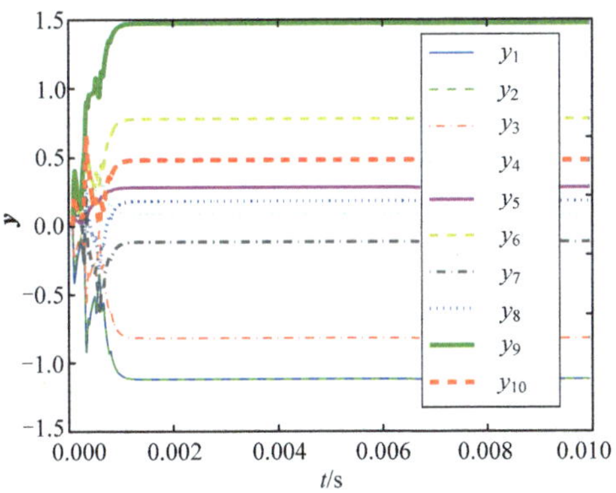


（c）10 个智能体的状态变量 $y_i$ 的瞬态行为

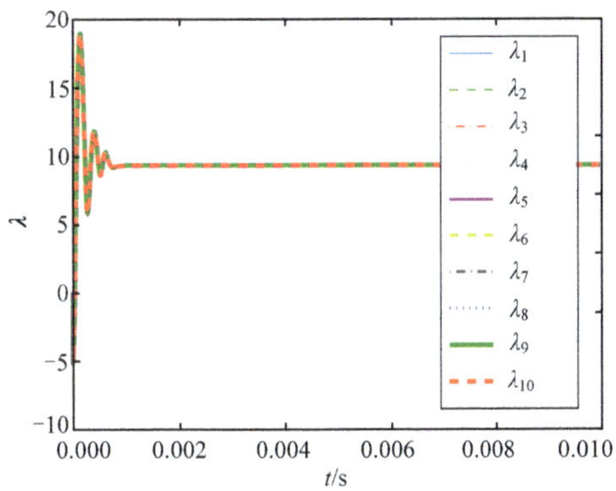


（d）10 个智能体的状态变量 $\lambda_i$ 的瞬态行为

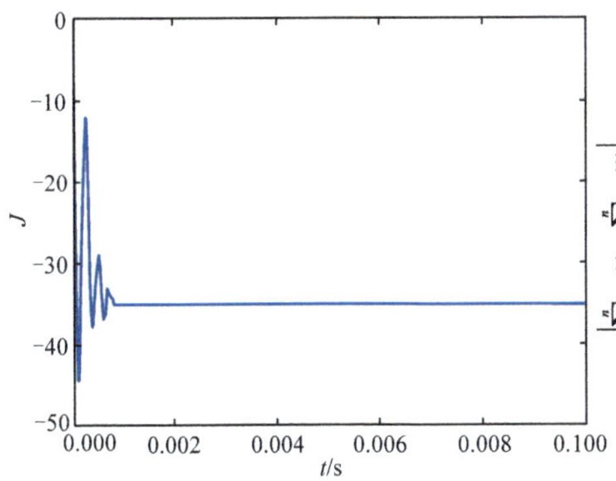


（e）性能指标 $J=\alpha\boldsymbol{x}^{\mathrm{T}}\boldsymbol{x}/2-\boldsymbol{u}^{\mathrm{T}}\boldsymbol{x}$ 的瞬态行为

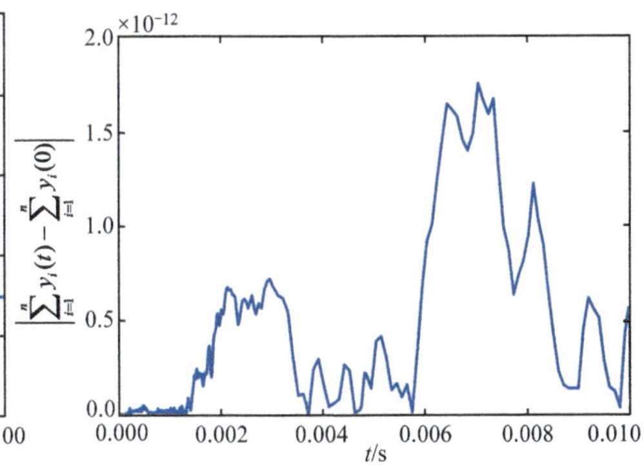


（f）仿真过程中向量 $\boldsymbol{y}$ 中元素和的差值，

定义为 $\left|\sum_{i=1}^{n}y_i(t)-\sum_{i=1}^{n}y_i(0)\right|$

图 5.8　在静态输入 $\boldsymbol{u}=[1,4,9,12.2,3.9,10,5.9,6.2,13.1,7]^{\mathrm{T}}$，且所有初始值为零的情况下，本章提出的 P-$k$WTA 网络模型式（5.9）在 $k$-WTA 问题的求解过程中生成的 10 个智能体的仿真结果

### 5.5.3 受约束的分布式 $k$-WTA 的扩展

考虑包含 10 个智能体的分布式 $k$-WTA 问题，其通信图如图 5.1 所示，$k=3$，输入仍设置为 $\boldsymbol{u}=[1,4,9,12.2,3.9,10,5.9,6.2,13.1,7]^{\mathrm{T}}$。这里，对 $k$-WTA 问题施加另一个约束，即智能体 4 和智能体 6 都不允许成为赢家。由于某些故障，智能体 4 和智能体 6 无法完成给定的任务，但仍能与邻居智能体进行通信，以促进分布式决策。与前面几节和现有文献中讨论的传统 D-$k$WTA 问题相比，受约束的分布式 $k$-WTA 问题要更具挑战性。这是因为设计的分布式 $k$-WTA 网络模型需要适应额外的约束条件。根据本章提出的分布式 P-$k$WTA 网络模型式（5.9）的设计，可以通过在提出的式（5.6）中添加另一个约束 $x_4+x_6=0$ 来解决这个问题。按照 5.3 节的推导，可以获得受约束的分布式 $k$-WTA 网络模型：

$$
\begin{cases}
\varepsilon\dot{\boldsymbol{x}}=-\boldsymbol{x}+P_{\Omega}\left(\dfrac{1}{\alpha}(\boldsymbol{u}-\boldsymbol{\lambda})\right)+\omega\boldsymbol{b}\\
\varepsilon\dot{\boldsymbol{y}}=\dfrac{\boldsymbol{L\lambda}}{\alpha}\\
\varepsilon\dot{\boldsymbol{\lambda}}=\dfrac{n\boldsymbol{x}-k\boldsymbol{1}-n\boldsymbol{Ly}-n\boldsymbol{L\lambda}}{n\alpha}\\
\varepsilon\dot{\omega}=x_4+x_6
\end{cases}
\tag{5.21}
$$

式中，$\boldsymbol{b}=[0,0,0,1,0,1,0,0,0,0]^{\mathrm{T}}$；$\omega$是智能体 4 和智能体 6 共享的额外变量，用于解释等式约束 $x_4+x_6=0$。在实践中，$\omega$的状态演化可以由智能体 4 或智能体 6 来管理。关于受约束的分布式 $k$-WTA 网络模型式（5.21）收敛性的理论分析可以按照 5.4 节中的步骤进行，此处省略。

以 $\alpha=0.01$、$\varepsilon=10^{-4}$ 和随机生成的初始值为例，图 5.9 和图 5.10 展示了由受约束的分布式 $k$-WTA 网络模型式（5.21）生成的 10 个智能体的仿真结果和瞬态行为。从图 5.9（a）中可以看出，对于相同的输入，赢家变成了智能体 3、智能体 9 和智能体 10，这正是根据输入 $\boldsymbol{u}=[1,4,9,12.2,3.9,10,5.9,6.2,13.1,7]^{\mathrm{T}}$ 和约束条件（即不允许智能体 4 和智能体 6 成为赢家）所预期的赢家。还可以手动验证性能指标 $J$ 的值收敛到该案例的理论最优值，即 $0.01\times3/2-(9+13.1+7)=-29.0850$。同时，从图 5.9 和图 5.10 可以发现，受约束的分布式 $k$-WTA 网络模型式（5.21）的所有状态变量都收敛，约束条件也渐近满足。与由 P-$k$WTA 网络模型式（5.9）得到的仿真结果相比，由受约束的分布式 $k$-WTA 网络模型式（5.21）得到的案例仅在竞争结果上有所不同，由于额外的约束，前面分析的其他属性仍然保留。仿真结果证实了本章提出的受约束的分布式 $k$-WTA 问题设计方法的可扩展性以及受约束的分布式 $k$-WTA 网络模型式（5.21）的有效性。与现有文献[130]中提出的分布式 $k$-WTA 网络模型相比，这是本章提出的 P-$k$WTA 网络模型的另一个优点。

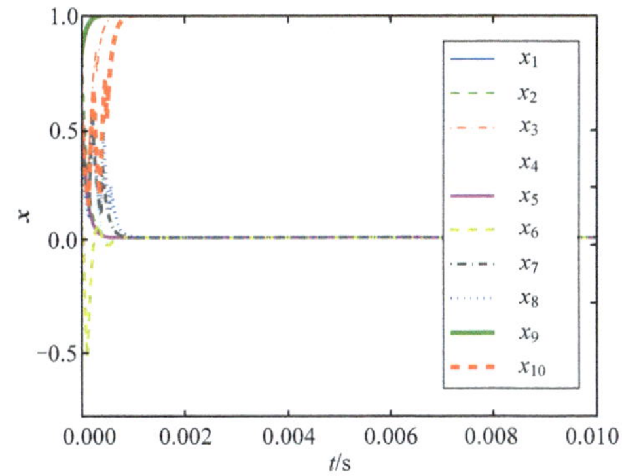


（a）状态变量 $x_i$ 的瞬态行为

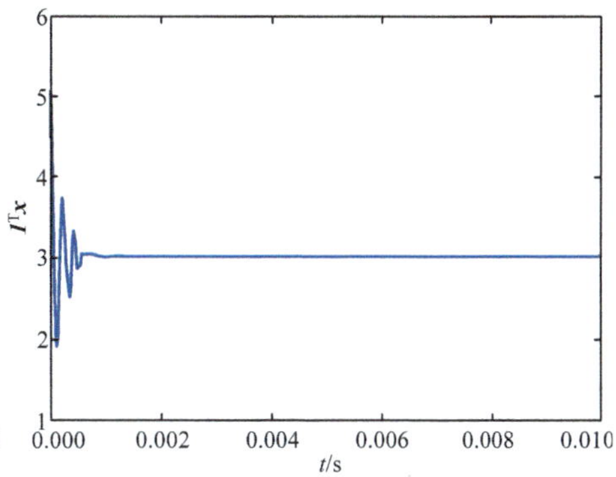


（b）$\boldsymbol{l}^{\mathrm{T}}\boldsymbol{x}$ 的瞬态行为

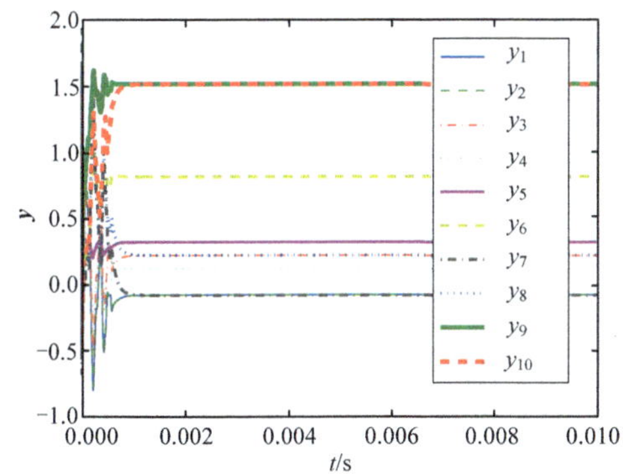


（c）10 个智能体的状态变量 $y_i$ 的瞬态行为

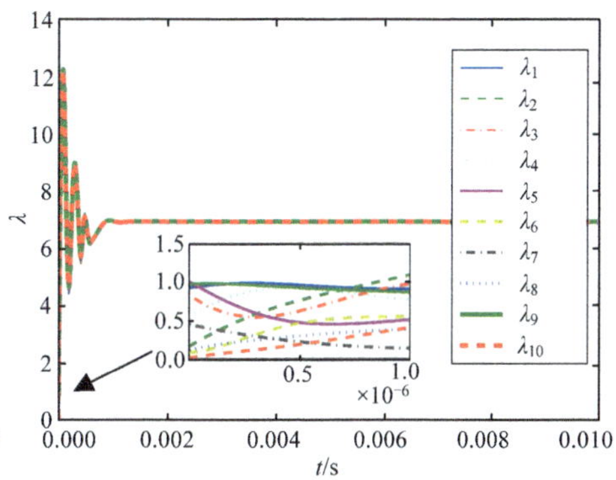


（d）10 个智能体的状态变量 $\lambda_i$ 的瞬态行为

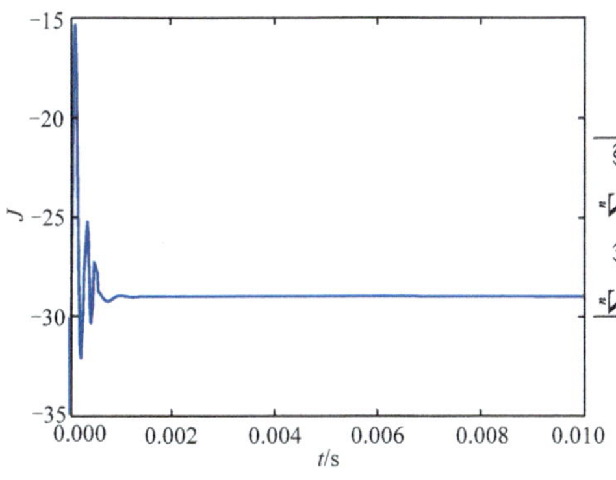


（e）性能指标 $J=\alpha\boldsymbol{x}^{\mathrm{T}}\boldsymbol{x}/2-\boldsymbol{u}^{\mathrm{T}}\boldsymbol{x}$ 的瞬态行为

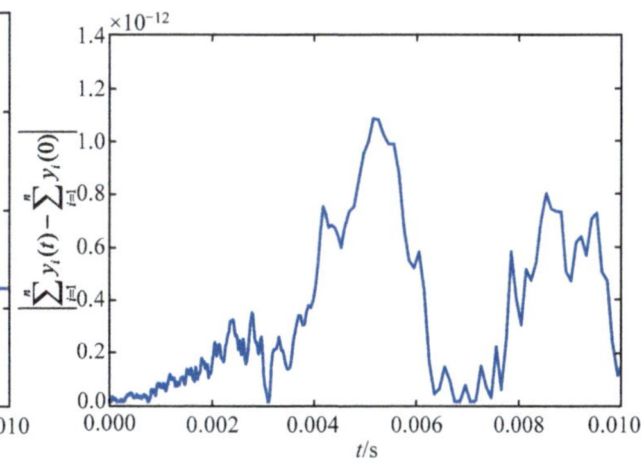


（f）仿真过程中向量 $\boldsymbol{y}$ 中元素和的差值，

定义为 $\left|\sum_{i=1}^{n} y_i(t)-\sum_{i=1}^{n} y_i(0)\right|$

图 5.9　在静态输入 $\boldsymbol{u}=[1,4,9,12.2,3.9,10,5.9,6.2,13.1,7]^{\mathrm{T}}$，且随机生成初始值，其中附加约束为 $x_4+x_6=0$ 的情况下，受约束的分布式 $k$-WTA 网络模型式（5.21）在 $k$-WTA 问题的求解过程中生成的 10 个智能体的仿真结果图

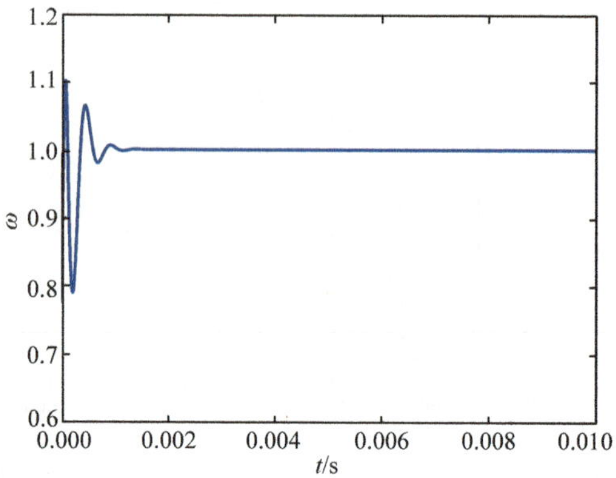


图 5.10 在 $k$-WTA 过程中，$\boldsymbol{u}=[1,4,9,12.2,3.9,10,5.9,6.2,13.1,7]^{\mathrm{T}}$ 和随机生成的初始值（附加约束为 $x_4+x_6=0$），仿真由受约束的分布式 $k$-WTA 网络模型式（5.21）生成的智能体 4 和智能体 6 的额外变量 $\omega$ 的瞬态行为

## 5.6 本 章 小 结

本章提出了一种新的 $k$-WTA 问题设计公式，其中无向连通的通信图的拉普拉斯矩阵被嵌入等式约束中。基于新的公式，本章提出了一种分布式 P-$k$WTA 网络模型，用于代理网络之间的有效分布式决策。理论分析表明，P-$k$WTA 网络具有全局渐近稳定的平衡点，该平衡点与 $k$-WTA 问题的解相同。计算机仿真结果验证了理论分析的正确性。同时，仿真比较还表明，本章提出的 P-$k$WTA 网络具有更弱的收敛条件和更快的收敛速度，与已有的分布式 $k$-WTA 网络模型相比具有优势。此外，本章提出的分布式 P-$k$WTA 网络可以很容易地扩展到处理具有额外约束的 $k$-WTA 问题，并通过仿真验证了其有效性。将来，本章提出的 $k$-WTA 网络模型可在多机器人系统[143-144]控制和社交网络中的意见动态建模[145]中得到应用。

# 第6章　基于变量初始化的赢者通吃网络

## 6.1　引　　言

本章考虑$k$-WTA问题中的参数$k$由神经元的初始状态隐式指定的情况。基于$k$-WTA经典优化问题公式的约束转换，并通过改进传统的梯度下降，提出一种基于初始化的$k$-WTA网络模型，该模型只有$n$个神经元用于$n$维输入，以及一个由参数化梯度下降所描述的动态网络模型。

考虑$k$的值可能是敏感信息，该模型利用状态变量的初始化来隐藏$k$的设置，从而实现模型的隐私保护。在现有的$k$-WTA 模型中，$k$的值被明确地包含在内。在集中式计算的场景中，这意味着$k$的值是计算中心所知道的。在分布式$k$-WTA网络模型中，计算模型中明确包含$k$意味着所有代理都知道$k$的值。对于这两种情况，当存在网络攻击时，$k$的信息很容易被泄露，从而可能导致隐私受到侵犯。本章提出的模型基于Liu和Wang[98]所提出的约束变换公式。具体来说，将代数等式约束和设置约束转换为基于初值的微分约束。在此基础上，基于具有适当配置的参数矩阵的梯度下降开发一种新的$k$-WTA网络模型的数学模型。对于本章提出的$k$-WTA网络模型，赢家的数量取决于模型变量的初始化。

## 6.2　问 题 描 述

考虑本章的完整性，本节对$k$-WTA问题及其二次规划形式的等价公式进行回顾，从神经网络的角度对所研究的问题进行描述。

### 6.2.1　$k$-WTA与二次规划

考虑一组$n$个神经元，每个神经元具有一个输入变量$u_i$和一个输出（状态）变量$x_i \in \mathbb{R}$。神经元的$k$-WTA可以被描述为一组输出为$\boldsymbol{x}=[x_1,x_2,\cdots,x_n]^{\mathrm{T}} \in \mathbb{R}^n$受约束于一组给定输入$\boldsymbol{u}=[u_1,u_2,\cdots,u_n]^{\mathrm{T}} \in \mathbb{R}^n$的函数$f(\cdot)$，即

$$x_i = f(u_i) = \begin{cases} 1, & 若 u_{\mathrm{i}} \in \{\boldsymbol{u}\ 中前k个最大元素\} \\ 0, & 其他 \end{cases} \tag{6.1}$$

从定义中可看出，对于具有前$k$个最大输入的神经元，其输出为1，这意味着

它们是赢家，而其他的（称为输家）的输出消失为零。这里的$k$代表有限的资源，它决定了赢家的数量。解决$k$-WTA 问题的一种直观方法是对所有智能体的输入进行排序，但这对于大规模问题可能并不有效。特别是当输入发生变化时，需要再次对输入进行排序。

$k$-WTA 问题的二次规划形式的等价公式可以表示为

$$\begin{cases}\min\limits_{\boldsymbol{x}\in\mathbb{R}^n} & \dfrac{\alpha}{2}\boldsymbol{x}^{\mathrm{T}}\boldsymbol{x}-\boldsymbol{u}^{\mathrm{T}}\boldsymbol{x}\\ \text{s. t.} & \boldsymbol{1}^{\mathrm{T}}\boldsymbol{x}=k\\ x_i\in[0,1], & \forall i\in\{1,2,\cdots,n\}\end{cases}\tag{6.2}$$

式中，参数$\alpha$需要满足$0<\alpha\leqslant u_k^*-u_{k+1}^*$，$u_k^*$和$u_{k+1}^*$分别表示$\boldsymbol{u}$中第$k$个最大元素和第$k$+1 个最大的元素。关于式（6.1）和式（6.2）解的等价性的详细证明可以在文献[98]中找到。将$k$-WTA 问题转化为二次规划的形式使得利用动态神经网络模型解决$k$-WTA 问题成为可能，相应的硬件实现可以显著加快$k$-WTA 问题[146-168]的处理。

### 6.2.2 现有连续时间 $k$-WTA 网络模型

本小节简要回顾一下现有的连续时间$k$-WTA 网络模型的数学模型。

令$\boldsymbol{\Omega}=\{\boldsymbol{x}\in\mathbb{R}^n\,|\,0\leqslant x_i\leqslant 1\}$，$P_{\Omega}(\cdot)$表示凸集$\boldsymbol{\Omega}$的投影运算，其中$P_{\Omega}(\boldsymbol{x})=\arg\min_{\boldsymbol{y}\in\Omega}\|\boldsymbol{x}-\boldsymbol{y}\|_2$，$\|\cdot\|_2$为一个向量的欧几里得范数。

Liu 和 Wang[98]提出的$k$-WTA 网络模型的数学模型描述为

$$\begin{cases}\text{状态方程：}\ \varepsilon\dot{\boldsymbol{y}}=-\boldsymbol{M}\boldsymbol{u}+P_{\Omega}\left((\boldsymbol{M}-\boldsymbol{I})\boldsymbol{y}+\boldsymbol{M}\boldsymbol{u}+\dfrac{k}{n}\boldsymbol{1}\right)-\boldsymbol{M}\boldsymbol{u}-\dfrac{k}{n}\boldsymbol{1}\\ \text{输出方程：}\ \boldsymbol{x}=\boldsymbol{M}\boldsymbol{y}+\boldsymbol{M}\boldsymbol{u}+\dfrac{k}{n}\boldsymbol{1}\end{cases}\tag{6.3}$$

式中，$\boldsymbol{y}\in\mathbb{R}^n$是隐藏层中$n$个神经元的状态向量；$\boldsymbol{x}\in\mathbb{R}^n$表示输出层中$n$个神经元的状态向量；$\boldsymbol{M}=(\boldsymbol{I}-\boldsymbol{1}\boldsymbol{1}^{\mathrm{T}}/n)/a$且$a$满足$0<a\leqslant(u_k^*-u_{k+1}^*)/2$。$k$-WTA 网络模型式（6.3）中包含 $2n$个神经元，用于处理具有$n$维输入的$k$-WTA 问题。Hu 和 Wang[119]提出了$k$-WTA 网络模型用来进行任务分配，并给出了相应的数学模型，即

$$\begin{cases}\text{状态方程：}\ \varepsilon\dot{z}=-\boldsymbol{1}^{\mathrm{T}}\boldsymbol{x}+k\\ \text{输出方程：}\ \boldsymbol{x}=P_{\Omega}\left(\boldsymbol{1}z+\dfrac{\boldsymbol{u}}{2a}\right)\end{cases}\tag{6.4}$$

式中，$z\in\mathbb{R}$是一个辅助神经元；$\varepsilon>0\in\mathbb{R}$是一个收敛参数用于控制收敛速度；$a>0\in\mathbb{R}$是一个模型参数，其值应被适当设置。Wang 在文献[24]中提出了$k$-WTA

网络模型，其数学模型描述如下：

$$\begin{cases}\text{状态方程：}\ \varepsilon\dot{z}=\boldsymbol{1}^{\mathrm{T}}\boldsymbol{x}-k\\ \text{输出方程：}\ \boldsymbol{x}=g_{\infty}(\boldsymbol{u}-\boldsymbol{1}z)\end{cases} \tag{6.5}$$

式中，$z$ 表示单个神经元的状态变量；$\boldsymbol{x}\in\mathbb{R}^n$ 表示输出层 $n$ 个神经元的状态向量；$g_{\infty}(\boldsymbol{x})=\lim\limits_{\rho\to+\infty}g_{\rho}(\boldsymbol{x})$，$g_{\rho}(x_i)$ 定义如下：

$$g_{\rho}(x_i)=\begin{cases}0,\ x_i<0\\ \rho,\ 0\leqslant x_i\leqslant 1/\rho\\ 1,\ x_i>1/\rho\end{cases} \tag{6.6}$$

在现有的 $k$-WTA 网络模型[146]中包括式（6.3）～式（6.5），可以发现参数 $k$ 被明确地包含在神经网络的数学模型中。目前，尚不清楚是否有可能建立一个不明确包含 $k$ 的 $k$-WTA 网络模型。本章旨在解决这一问题。

## 6.3　网络模型设计

本节基于 $k$-WTA 问题的二次规划形式，即式（6.2），主要讲解设计和分析一个新的没有明确包含参数 $k$ 的 $k$-WTA 网络模型。

### 6.3.1　设计思想

由于 $\alpha>0$，式（6.2）中的函数 $\alpha\boldsymbol{x}^{\mathrm{T}}\boldsymbol{x}/2-\boldsymbol{u}^{\mathrm{T}}\boldsymbol{x}$ 对于 $\boldsymbol{x}$ 是强凸的，因此通过使用梯度下降法[169]，可以使以下动力学在实现无约束的情况下 $\alpha\boldsymbol{x}^{\mathrm{T}}\boldsymbol{x}/2-\boldsymbol{u}^{\mathrm{T}}\boldsymbol{x}$ 的最小化：

$$\begin{aligned}\dot{\boldsymbol{x}}&=-\gamma\frac{\partial(\alpha\boldsymbol{x}^{\mathrm{T}}\boldsymbol{x}/2-\boldsymbol{u}^{\mathrm{T}}\boldsymbol{x})}{\partial\boldsymbol{x}}\\ &=-\gamma(\alpha\boldsymbol{x}-\boldsymbol{u})\end{aligned} \tag{6.7}$$

式中，$\gamma>0\in\mathbb{R}$ 是衡量梯度动力学收敛性的一个参数，如文献[169]所述，梯度动力学是指数收敛的。通过以上观察结果，将无约束优化问题的梯度动力学应用于所研究的约束优化问题式（6.2）。

### 6.3.2　约束转换

为了通过利用有效的梯度动力学来处理式（6.2）中的静态约束，将式（6.2）中的静态约束转换为关于 $\dot{\boldsymbol{x}}$ 的形式。具体来说，式（6.2）中的约束条件 $\boldsymbol{1}^{\mathrm{T}}\boldsymbol{x}=k$ 等价于

$$\begin{cases}\boldsymbol{1}^{\mathrm{T}}\dot{\boldsymbol{x}}(t)=0\\ \boldsymbol{1}^{\mathrm{T}}\boldsymbol{x}(0)=k\end{cases} \tag{6.8}$$

式中，$\dot{\boldsymbol{x}}(t)=\mathrm{d}\boldsymbol{x}/\mathrm{d}t$ 且 $t\geqslant 0$。式（6.2）中的约束条件 $x_i\in[0,1]$，$\forall i\in\{1,2,\cdots,n\}$ 等价于

$$P_{\Omega}(\boldsymbol{x})=\boldsymbol{x} \tag{6.9}$$

令

$$h(t)=\|\boldsymbol{x}(t)-P_{\Omega}(\boldsymbol{x}(t))\|_2^2 \tag{6.10}$$

式（6.9）等价于 $h(t)=0$，即

$$\begin{cases}\dot{h}(t)=0\\ h(0)=0\end{cases} \tag{6.11}$$

根据文献[142]中的附录 E.9，有

$$\frac{\partial h(t)}{\partial \boldsymbol{x}(t)}=\boldsymbol{x}(t)-P_{\Omega}(\boldsymbol{x}(t))$$

由式（6.10）和式（6.11），进一步对约束 $x_i\in[0,1],\forall i\in\{1,2,\cdots,n\}$ 进行以下等价描述

$$\begin{cases}(\boldsymbol{x}(t)-P_{\Omega}(\boldsymbol{x}(t)))^{\mathrm{T}}\dot{\boldsymbol{x}}(t)=0\\ h(0)=0\end{cases} \tag{6.12}$$

根据式（6.10），$h(0)=0$ 等价于

$$\boldsymbol{x}(0)\in\Omega \tag{6.13}$$

根据上述分析，$k$-WTA 问题式（6.2）被等价描述如下：

$$\begin{cases}\min\limits_{x\in\mathbb{R}^n}\dfrac{\alpha}{2}\boldsymbol{x}^{\mathrm{T}}\boldsymbol{x}-\boldsymbol{u}^{\mathrm{T}}\boldsymbol{x}\\ \text{s. t.}\quad \boldsymbol{1}^{\mathrm{T}}\dot{\boldsymbol{x}}=0\\ \qquad (\boldsymbol{x}-P_{\Omega}(\boldsymbol{x}))\dot{\boldsymbol{x}}=0\\ \qquad \boldsymbol{x}(0)\in\Omega\\ \qquad \boldsymbol{1}^{\mathrm{T}}\boldsymbol{x}(0)=k\end{cases} \tag{6.14}$$

这是一个受微分约束和初始状态约束影响的优化问题。

**备注 6.1** 通过上述转换，式（6.2）中关于 $\boldsymbol{x}$ 的静态约束转换为 $\dot{\boldsymbol{x}}(t)$ 和 $\boldsymbol{x}(0)$ 的等效约束，这使得无约束优化问题的梯度动力学式（6.7）适用于约束优化问题，即 $k$-WTA 问题式（6.2）成为可能。需要注意的是，为了运行梯度动力学式（6.7），需要设置状态变量 $\boldsymbol{x}$ 的初始值，以便在初始化阶段可以满足这两个约束条件，即 $\boldsymbol{x}(0)\in\Omega$ 和 $\boldsymbol{1}^{\mathrm{T}}\boldsymbol{x}(0)=k$。事实上，这也意味着 $k$-WTA 问题的赢家的数量 $k$ 完全由初始值 $\boldsymbol{x}(0)$ 决定。

### 6.3.3　模型描述

基于上述分析，提出求解$k$-WTA 问题的新模型。令

$$\boldsymbol{B}=\begin{cases}[\boldsymbol{1},\ \boldsymbol{x}-P_{\Omega}(\boldsymbol{x})],\quad \boldsymbol{x}\notin\Omega\\ \boldsymbol{1},\ \boldsymbol{x}\in\Omega\end{cases}\tag{6.15}$$

式中，$\boldsymbol{1}=[1,1,\cdots,1]^{\mathrm{T}}\in\mathbb{R}^n$。如果$\boldsymbol{x}\notin\Omega$，那么$\boldsymbol{B}$是两列的矩阵，其中第一列是向量$\boldsymbol{1}$，第二列是向量$\boldsymbol{x}-P_{\Omega}(\boldsymbol{x})$。假设矩阵$\boldsymbol{B}$是满秩的，则$\boldsymbol{B}^{\mathrm{T}}\boldsymbol{B}$的逆存在。令

$$\boldsymbol{H}=\boldsymbol{I}-\boldsymbol{B}(\boldsymbol{B}^{\mathrm{T}}\boldsymbol{B})^{-1}\boldsymbol{B}^{\mathrm{T}}$$

通过改进式（6.7）以求解式（6.14），即式（6.2）的等效问题，提出基于初始化$k$-WTA（initialization based $k$-WTA，IB-$k$WTA）网络的数学模型：

$$\dot{\boldsymbol{x}}=-\gamma\boldsymbol{H}(\alpha\boldsymbol{x}-\boldsymbol{u})\tag{6.16}$$

式中，$\boldsymbol{x}(0)\in\Omega$，$\boldsymbol{1}^{\mathrm{T}}\boldsymbol{x}(0)=k$。

**备注 6.2**　从 IB-$k$WTA 网络模型式（6.16）中可以看出，本章提出的 IB-$k$WTA 网络模型是一种递归神经网络模型，其中状态演化是状态反馈的结果。这种递归特性类似于现有的$k$-WTA 网络模型，如文献[24]。与现有的$k$-WTA 网络模型，包括式（6.3）～式（6.5）相比，本章提出的 IB-$k$WTA 网络模型式（6.16）只有$n$个神经元用于$n$维输入，而参数$k$没有包含在相应的 IB-$k$WTA 网络模型的数学表达式（6.16）中。模型式（6.4）和模型式（6.5）的状态方程包含了$n$个激活函数。相应地，状态方程和激活函数中包含数学运算。IB-$k$WTA 网络模型式（6.16）有$n$个状态方程，其中包含$n$个激活函数。在这种情况下，状态方程和激活函数包含了比式（6.4）和式（6.5）中的数学运算更为复杂的数学运算。同时，由于 IB-$k$WTA 网络模型式（6.16）依赖其状态变量的初始值，为了处理每一组$k$值不同的新的常量输入，必须重置状态变量的初始值。这种重置需要额外的处理时间，从而降低了模型的运算速度。在该模型的硬件实现的情况下，还需要相应的控制电路来执行这种复位操作。为了使该模型能处理时变输入，这种输入的变化时间必须远远小于模型状态变量的瞬态时间和重置时间之和。

## 6.4　理论证明

关于 IB-$k$WTA 网络模型式（6.16），有以下理论结果。

**定理 6.1**　假设$0<\alpha\leqslant u_k^*-u_{k+1}^*$，$\boldsymbol{x}(0)\in\Omega$，$\boldsymbol{1}^{\mathrm{T}}\boldsymbol{x}(0)=k$，以及式（6.15）中的矩阵$\boldsymbol{B}$是满秩的，则 IB-$k$WTA 网络模型式（6.16）的状态变量$\boldsymbol{x}$全局渐近收敛于$k$-WTA 问题式（6.1）的解。

**证明** 将 IB-$k$WTA 网络模型式（6.16）两边同时左乘 $\boldsymbol{B}^{\mathrm{T}}$，则有

$$\begin{aligned}\boldsymbol{B}^{\mathrm{T}}\dot{\boldsymbol{x}}&=-\boldsymbol{B}^{\mathrm{T}}\boldsymbol{H}\gamma(\alpha\boldsymbol{x}-\boldsymbol{u})\\&=-\boldsymbol{B}^{\mathrm{T}}(\boldsymbol{I}-\boldsymbol{B}(\boldsymbol{B}^{\mathrm{T}}\boldsymbol{B})^{-1}\boldsymbol{B}^{\mathrm{T}})\gamma(\alpha\boldsymbol{x}-\boldsymbol{u})\\&=-(\boldsymbol{B}^{\mathrm{T}}-\boldsymbol{B}^{\mathrm{T}})\gamma(\alpha\boldsymbol{x}-\boldsymbol{u})\\&=\boldsymbol{0}\end{aligned}$$

即

$$\begin{cases}\boldsymbol{1}^{\mathrm{T}}\dot{\boldsymbol{x}}=0\\(\boldsymbol{x}-P_{\Omega}(\boldsymbol{x}))^{\mathrm{T}}\dot{\boldsymbol{x}}=0\end{cases}\tag{6.17}$$

这意味着式（6.14）的两个微分约束也得到了满足。考虑

$$V_1=\frac{1}{2}\|\boldsymbol{x}-P_{\Omega}(\boldsymbol{x})\|_2^2$$

它测量了从 $\boldsymbol{x}$ 到设置 $\Omega$ 的距离。$V_1$ 沿 IB-$k$ WTA 网络模型式（6.16）的状态轨迹的时间导数为

$$\dot{V}_1=(\boldsymbol{x}-P_{\Omega}(\boldsymbol{x}))^{\mathrm{T}}\dot{\boldsymbol{x}}$$

根据式（6.17），由于式（6.15）中定义的矩阵 $\boldsymbol{B}$ 是满秩的，则有 $\dot{V}_1\equiv0$。基于 $\boldsymbol{x}(0)\in\Omega$ 的条件，则有 $V_1(t)\equiv V_1(0)\equiv0$，$\forall t\geqslant0$。即 $\boldsymbol{x}\in\Omega$，$\forall t\geqslant0$。考虑

$$V_2=\frac{1}{2}(\boldsymbol{1}^{\mathrm{T}}\boldsymbol{x}-k)^2$$

$V_2$ 沿 IB-$k$ WTA 网络模型式（6.16）的状态轨迹的时间导数为

$$\dot{V}_2=(\boldsymbol{1}^{\mathrm{T}}\boldsymbol{x}-k)\boldsymbol{1}^{\mathrm{T}}\dot{\boldsymbol{x}}$$

根据式（6.17），有 $\boldsymbol{1}^{\mathrm{T}}\dot{\boldsymbol{x}}\equiv0$，假设在式（6.15）中定义的矩阵 $\boldsymbol{B}$ 是满秩的，则有 $\dot{V}_2\equiv0$，$\forall t\geqslant0$。基于 $\boldsymbol{1}^{\mathrm{T}}\boldsymbol{x}(0)=k$ 的条件，有 $V_2(t)\equiv V_2(0)\equiv0$，$\forall t\geqslant0$，即 $\boldsymbol{1}^{\mathrm{T}}\boldsymbol{x}(t)=k$，$\forall t\geqslant0$。对 $V_1$ 和 $V_2$ 的分析表明，当采用本章提出的梯度动力学 IB-$k$ WTA 网络模型式（6.16）时，对式（6.2）的两个约束条件 $\boldsymbol{x}(0)\in\Omega$ 和 $\boldsymbol{1}^{\mathrm{T}}\boldsymbol{x}(0)=k$ 总是满足的。下面通过考虑以下 Lyapunov 候选函数来分析最优解的收敛性：

$$\begin{aligned}V_3&=\frac{\alpha}{2}\boldsymbol{x}^{\mathrm{T}}\boldsymbol{x}-\boldsymbol{u}^{\mathrm{T}}\boldsymbol{x}+V_1+V_2\\&=\frac{\alpha}{2}\boldsymbol{x}^{\mathrm{T}}\boldsymbol{x}-\boldsymbol{u}^{\mathrm{T}}\boldsymbol{x}\end{aligned}$$

通过回顾 $V_1(t)\equiv0$ 和 $V_2(t)\equiv0$，$\forall t\geqslant0$。显然，$V_3$ 是径向无界的。从以上的分析中可以得出结论：

$$\boldsymbol{B}\equiv\boldsymbol{1},\quad\forall t\geqslant0$$

在 $\boldsymbol{x}(0)\in\Omega$ 和 $\boldsymbol{1}^{\mathrm{T}}\boldsymbol{x}(0)=k$ 的条件下，有

$$H \equiv I - \frac{11^{\mathrm{T}}}{n}, \ \forall t \geqslant 0$$

显然，$H$ 是一个对称半正定矩阵。因此，计算沿 IB-$k$WTA 网络模型式(6.16)的状态轨迹的时间导数，有

$$\begin{aligned}\dot{V}_3 &= (\alpha x - u)^{\mathrm{T}} \dot{x} \\ &= -\gamma(\alpha x - u)^{\mathrm{T}} H(\alpha x - u) \\ &\leqslant 0\end{aligned} \tag{6.18}$$

令 $\dot{V}_3 = 0$ ，有以下两种情况：

（1） $\alpha x - u = 0$ ；

（2） $\alpha x - u \neq 0$ , $H(\alpha x - u) = 0$ 。

首先考虑情况(1)，需要证明 $y = \alpha x - u = 0$ 不是一个稳定的平衡。通过 IB-$k$WTA 网络模型式（6.16），有

$$\dot{y} = -\alpha\gamma H y \tag{6.19}$$

鉴于 $H = I - 11^{\mathrm{T}} / n$ ， $\forall t \geqslant 0$ ， $H$ 中的一个特征值是零，因此， $y = 0$ 不是式（6.19）的稳定平衡。换而言之，$\alpha x - u = 0$ 并不是一个稳定的平衡点。对于情况（2），考虑

$$V_4 = \frac{\| H(\alpha x - u)\|_2^2}{2}$$

沿着 IB-$k$WTA 网络模型式（6.16）的状态轨迹，有

$$\begin{aligned}\dot{V}_4 &= (H(\alpha x - u))^{\mathrm{T}} H \alpha \dot{x} \\ &= -\alpha\gamma(H(\alpha x - u))^{\mathrm{T}} H H(\alpha x - u) \\ &\leqslant -\alpha\gamma\lambda_{\min}(H)\| H(\alpha x - u)\|_2^2 \\ &= -2\alpha\gamma\lambda_{\min}(H) V_4\end{aligned} \tag{6.20}$$

式中， $\lambda_{\min}(H) = \lambda_{\min}(I - 11^{\mathrm{T}} / n) = 0$ 。因此， $\dot{V}_4 \leqslant 0$ 。由此可见，从任意 $x$ 满足 $V_4(0) = 0$ 开始，即 $H(\alpha x - u) = 0$ ，有

$$V_4(t) \equiv 0, \forall t \geqslant 0$$

结合对情况（1）的分析，得出结论 $S = \{x \in \mathbb{R}^n \mid H(\alpha x - u) = 0, \alpha x - u \neq 0\}$ 是 IB-$k$WTA 网络模型式（6.16）的最大不变集。基于 $H(\alpha x - u) = 0$ ，即 $(I - 11^{\mathrm{T}} / n)(\alpha x - u) = 0$ 和 $\alpha x - u \neq 0$ ，有

$$(\alpha x - u) = \beta 1$$

式中， $\beta \neq 0$ 。这意味着 $\alpha x_i - u_i$ 对所有 $i \in \{1, 2, \cdots, n\}$ 达成共识。令 $i^*$ 表示 $u$ 中第 $i$ 个最大元素的索引，进一步有

$$\alpha x_{i^*} - u_{i^*} = \alpha x_{(k+1)^*} - u_{(k+1)^*}$$

接着，有

$$x_{i^*}-x_{(k+1)^*}=\frac{u_{i^*}-u_{(k+1)^*}}{\alpha}$$

如果$i\in\{1,2,\cdots,k\}$，回顾$0<\alpha\leqslant u_{k^*}-u_{(k+1)^*}$，进一步有

$$\begin{aligned}x_{i^*}-x_{(k+1)^*}&\geqslant\frac{u_{k^*}-u_{(k+1)^*}}{u_{k^*}-u_{(k+1)^*}}\\&=1\end{aligned}$$

结合$\boldsymbol{x}\in\boldsymbol{\Omega}$，$\forall t\geqslant 0$的结论，可以进一步总结出$x_{i^*}=1$，$\forall i\in\{1,2,\cdots,k\}$，以及$x_{(k+1)^*}=0$。由于$\boldsymbol{1}^{\mathrm{T}}\boldsymbol{x}(t)=k$，$\forall t\geqslant 0$，进一步得出结论，即$\boldsymbol{x}$中的其余元素在最大不变集$S$中为零。换句话说，在$S$中，有

$$x_i=\begin{cases}1, & u_i\in\{\boldsymbol{u}\text{ 中前}k\text{个最大元素}\}\\0, & \text{其他}\end{cases}$$

即可得到$k$-WTA 的结果。根据 LaSalle 不变原理[104,170]可以得出结论，即 IB-$k$WTA 网络模型式（6.16）的状态变量$\boldsymbol{x}$全局渐近收敛于$k$-WTA 问题式（6.1）的解。证明完成。

定理 6.1 的证明提供了一种替代方法，即通过评估等式$(\boldsymbol{I}-\boldsymbol{1}\boldsymbol{1}^{\mathrm{T}}/n)(\alpha\boldsymbol{x}-\boldsymbol{u})=0$是否满足来检验 $k$-WTA 运算是否完成。从定理 6.1 的证明可知，如果$(\boldsymbol{I}-\boldsymbol{1}\boldsymbol{1}^{\mathrm{T}}/n)(\alpha\boldsymbol{x}-\boldsymbol{u})=0$，则$k$-WTA 运算完成。根据定理 6.1，如果 IB-$k$WTA 网络模型式（6.16）之间的最小差值满足定理 6.1 的不等式，则 IB-$k$WTA 网络模型式（6.16）能够正确地处理输入。然而，在输入之间的最小差值未知的情况下，可能会错误地设置$\alpha$值，导致上述不等式不成立。因此，如果差值小于$\alpha$，如输入为未知输入或时变输入，本章提出的模型可能无法正确处理输入。同时，根据定理 6.1，关于初始化，只需要求$\boldsymbol{x}(0)\in\boldsymbol{\Omega}$和$\boldsymbol{1}^{\mathrm{T}}\boldsymbol{x}(0)=k$。在实践中，输入通常是一些测量值。如果有一个先验知识表明来自某些测量值的输入通常是赢家，那么可以将相应的初始值设置为 1，但仍然需要满足上述要求。

关于在数字计算机中的动力学 IB-$k$WTA 网络模型式（6.16）的实现，有以下备注。

**备注 6.3** 为了便于在数字计算机中实现 IB-$k$WTA 网络模型式（6.16），可以采用不同的规则。例如，可以使用以下欧拉差分规则：

$$\dot{\boldsymbol{x}}(t)\approx\frac{\boldsymbol{x}(t+\tau)-\boldsymbol{x}(t)}{\tau}$$

式中，$\tau>0\in\mathbb{R}$表示采样间隔。令$\rho\in\{0,1,2,\cdots,n\}$表示采样索引，则$\boldsymbol{x}^{[\rho]}=\boldsymbol{x}(\rho\tau)$。因此，给出 IB-$k$WTA 网络模型式（6.16）的离散时间形式如下：

$$\boldsymbol{x}^{[\rho+1]} = \boldsymbol{x}^{[\rho]} - \tau\gamma \boldsymbol{H}^{[\rho]}(\alpha \boldsymbol{x}^{[\rho]} - \boldsymbol{u}) \tag{6.21}$$

以下给出式（6.21）实现的算法描述。在算法描述中，考虑数字计算机中浮点数的计算精度有限，将等式的检验条件更改为关于容错度 eps 的不等式评估，eps 可以被设置为一个足够小的正数。就参数$\tau$而言，为了保证离散时间 IB-$k$WTA 网络模型式（6.21）的收敛性，需要满足$\gamma\tau\alpha<1$。在离散时间 IB-$k$WTA 网络模型式（6.21）中，参数$\tau$的值应该足够小，以保证正确的$k$-WTA 运算，从而减小乘积$\tau\gamma$。此外，只有该模型中参数$\gamma$的值必须足够大才能获得小的$k$-WTA 运算的收敛时间，从而增大乘积$\tau\gamma$。这是利用差分规则[171]离散连续时间模型时常见的矛盾。通常，在离散时间模型中，$\tau\gamma$将被$h=\gamma\tau$取代，这里只需要设置$h$的值。

**算法 3**　离散时间 IB-$k$WTA 网络模型式（6.21）的算法实现

**初始化:**

初始化$\boldsymbol{x}\in\Omega$满足$\boldsymbol{1}^{\mathrm{T}}\boldsymbol{x}=k$。初始化$\alpha$满足$0<\alpha<\sigma$，其中$\sigma$表示输入$u_i$的分辨率。初始化$\gamma>0$。初始化$1>\tau>0$。

**输入:**

$k$-WTA 输入$\boldsymbol{u}$

**输出:**

$k$-WTA 输出$\boldsymbol{x}$

**流程:**

$n\leftarrow$ 向量$\boldsymbol{u}$中元素的数量;

满足$\|(\boldsymbol{I}-\boldsymbol{1}\boldsymbol{1}^{\mathrm{T}}/n)(\alpha\boldsymbol{x}-\boldsymbol{u})\|_2>\mathrm{eps}$时重复;

　如果$\|\boldsymbol{x}-P_\Omega(\boldsymbol{x})\|_2>\mathrm{eps}$，则

　　$\boldsymbol{B}=[\boldsymbol{1},\ \ \boldsymbol{x}-P_\Omega(\boldsymbol{x})]$;

　否则

　　$\boldsymbol{B}=\boldsymbol{1}\in\mathbb{R}^n$;

　$\boldsymbol{H}\leftarrow\boldsymbol{I}-\boldsymbol{B}(\boldsymbol{B}^{\mathrm{T}}\boldsymbol{B})^{-1}\boldsymbol{B}^{\mathrm{T}}$;

　$\boldsymbol{x}\leftarrow\boldsymbol{x}-\tau\gamma\boldsymbol{H}(\alpha\boldsymbol{x}-\boldsymbol{u})$。

注：eps 表示容错度。

关于这项工作的局限性，进行以下讨论。

**备注 6.4**　本章工作的局限性包括以下三个方面。①本章工作依赖$k$-WTA 问题的二次规划公式，它受到网络高分辨率需要较小的$\alpha$值的限制。为了突破这一限制，需要有新的公式解决$k$-WTA 问题。著者认为，分辨率问题不是主要问题，因为实际应用中的输入通常会给定分辨率。例如，来自传感器的输入具有已知的

分辨率。②本章提出的网络模型的高运行速度所需要的大的$\gamma$值可能难以在模拟硬件中实现。据知，几乎所有现有的具有渐近收敛性的动态网络模型都受到了这种限制，包括本章引言中提到的模型。要突破这一限制，就需要新的设计来加速模型的收敛性。③关于模型的收敛性。目前的模型只具有渐近收敛性，但有限时间的收敛性在应用中更有利。文献[166]中提出有限时间收敛的$k$-WTA网络模型，该模型中涉及 sign 函数。众所周知，在滑模控制中，具有右侧不连续的有限时间收敛模型，特别是具有 sign 函数的有限时间收敛模型，会受到抖动的影响[172]。对于 Wang 在文献[24]中提出的有限时间收敛$k$-WTA 网络模型，依赖一个修正的分段线性激活函数。为了实现激活函数中的增益参数的有限时间收敛，$\xi$应该满足$\xi \to +\infty$。然而，一个较大的增益参数在模拟硬件中可能很难实现或不可能实现。事实上，当$\xi \to +\infty$时，Wang 在文献[24]中提到的$k$-WTA 网络模型中的激活函数与 sign 函数相似。

不同连续时间所提出的 IB-$k$WTA 网络模型之间的比较如表 6.1 所示。注意，直接生成输出意味着没有从神经网络模型的状态变量到相应的输出的转换。从表中可以看出，与现有的$k$-WTA 网络模型相比，本章提出的 IB-$k$WTA 网络模型式(6.16)具有一定的精度，且优点在于隐藏了$k$的值，这可能是敏感的信息。同时，本章提出的 IB-$k$WTA 网络模型式（6.16）具有直接生成$k$-WTA 输出的能力。根据以上比较，对于敏感信息$k$的值应该隐藏的应用，本章提出的模型是所有现有模型中的最佳选择。

表 6.1 不同连续时间 IB-$k$WTA 网络模型之间的比较

| 模型 | 精度 | 收敛时间 | 复杂度 | 明确包含$k$ | 输出的生成 |
|---|---|---|---|---|---|
| IB-$k$WTA 网络模型式（6.16） | 高 | 无穷 | 中等 | 否 | 直接 |
| 文献[24]中的式（29）和式（30） | 高 | 有限* | 低 | 是 | 间接 |
| 文献[98]中的式（47） | 高 | 无穷 | 中等 | 是 | 间接 |
| 文献[122]中的式（12）和式（14） | 高 | 有限 | 中等 | 是 | 间接 |
| 文献[120]中的式（31） | 高 | 有限 | 高 | 是 | 间接 |
| 文献[123]中的式（14） | 高 | 无穷 | 低 | 是 | 间接 |
| 文献[119]中的式（22） | 高 | 无穷 | 低 | 是 | 间接 |
| 文献[130]中的式（4） | 高 | 无穷 | 中等 | 是 | 间接 |
| 文献[162]中的式（1） | 高 | 无穷 | 低 | 是 | 直接 |
| 文献[127]中的式（9）和式（10） | 高 | 有限 | 低 | 是 | 间接 |
| 文献[18]中的式（4）和式（5） | 高 | 有限 | 低 | 是 | 间接 |

* 表示需要无穷大的增益参数。

## 6.5 仿 真 结 果

本节展示并讨论仿真结果，以验证理论结果，并证明本章提出的 IB-$k$WTA 网络模型式（6.16）的有效性。在 MATLAB 平台上通过使用常微分方程（ordinary differential equation，ODE）例程 ode15s 进行仿真。

### 6.5.1 理论结果的验证

首先考虑以下情况，即 $\boldsymbol{u}=[1,90,3,10,5]^{\mathrm{T}}$，$\alpha=10^{-3}$，以及 $\boldsymbol{x}(0)=[0.4,0.4,0.4,0.4,0.4]^{\mathrm{T}}$，其中 $\boldsymbol{I}^{\mathrm{T}}\boldsymbol{x}(0)=2$ 对应于 $k=2$。如图 6.1（a）和（b）所示，$\gamma=10^4$，IB-$k$WTA 网络模型式（6.16）的状态向量 $\boldsymbol{x}$ 渐近收敛于 $[0,1,0,1,0]^{\mathrm{T}}$，即得到正确的 $k$-WTA 解，并在整个 $k$-WTA 求解过程中满足 $\boldsymbol{I}^{\mathrm{T}}\boldsymbol{x}=2$。同时，如图 6.1（c）所示，$\gamma=10^4$，$\|\boldsymbol{H}(\alpha\boldsymbol{x}-\boldsymbol{u})\|_2$ 的值在整个 $k$-WTA 求解过程中收敛于零，且性能指标 $\alpha\boldsymbol{x}^{\mathrm{T}}\boldsymbol{x}/2-\boldsymbol{u}^{\mathrm{T}}\boldsymbol{x}$ 收敛于理论最优解［见图 6.1（d）］，即 $-99.999\approx-100$。仿真结果验证了本章提出的定理。

由图 6.1（e）～（h）可以发现，当 $\gamma=10^5$ 时，本章提出的 IB-$k$WTA 网络模型式（6.16）的状态向量 $\boldsymbol{x}$ 仍然收敛于理论解，且在整个 $k$-WTA 过程中仍然满足约束 $\boldsymbol{I}^{\mathrm{T}}\boldsymbol{x}=2$，$\|\boldsymbol{H}(\alpha\boldsymbol{x}-\boldsymbol{u})\|_2$ 的值和性能指标 $\alpha\boldsymbol{x}^{\mathrm{T}}\boldsymbol{x}/2-\boldsymbol{u}^{\mathrm{T}}\boldsymbol{x}$ 仍然收敛于相应的值。特别地，当 $\gamma=10^5$ 时，与 $\gamma=10^4$ 时相比，所有相关变量的收敛速度都要快得多。此外，考虑在 $\boldsymbol{u}=[0.001,0.002,0.003,0.004,0.005]^{\mathrm{T}}$，$\boldsymbol{x}(0)=[1,1,0,0,0]^{\mathrm{T}}$，$\gamma=10^4$ 且 $\alpha$ 值不同时的情况。如图 6.2 所示，当 $\alpha=10^{-3}$ 和 $\alpha=10^{-4}$ 时，本章提的 IB-$k$WTA 网络模型式（6.16）可以输出正确的 $k$-WTA 结果。同时可以发现，设置一个较小

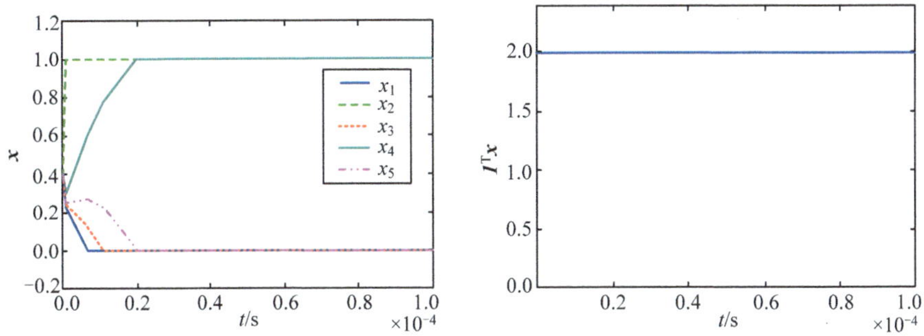


（a）$\gamma=10^4$ 时的 $\boldsymbol{x}$　　（b）$\gamma=10^4$ 时的 $\boldsymbol{I}^{\mathrm{T}}\boldsymbol{x}$

图 6.1　在不同 $\gamma$ 值的条件下，当 $\boldsymbol{u}=[1,90,3,10,5]^{\mathrm{T}}$，$\alpha=0.001$，$\boldsymbol{x}(0)=[0.4,0.4,0.4,0.4,0.4]^{\mathrm{T}}$ 时，由 IB-WTA 网络模型式（6.16）生成的仿真结果

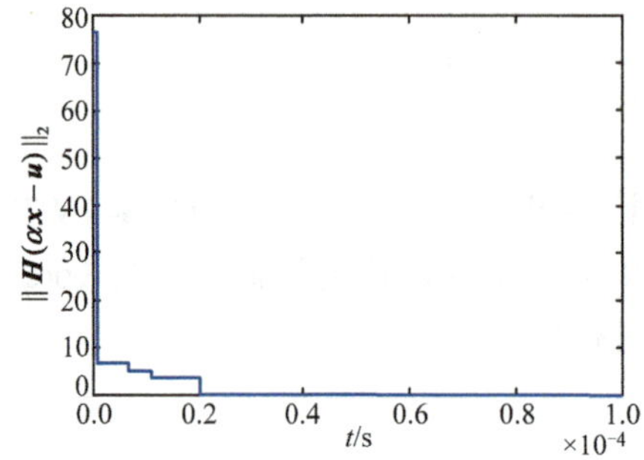


（c） $\gamma=10^4$ 时的 $\|\boldsymbol{H}(\alpha\boldsymbol{x}-\boldsymbol{u})\|_2$

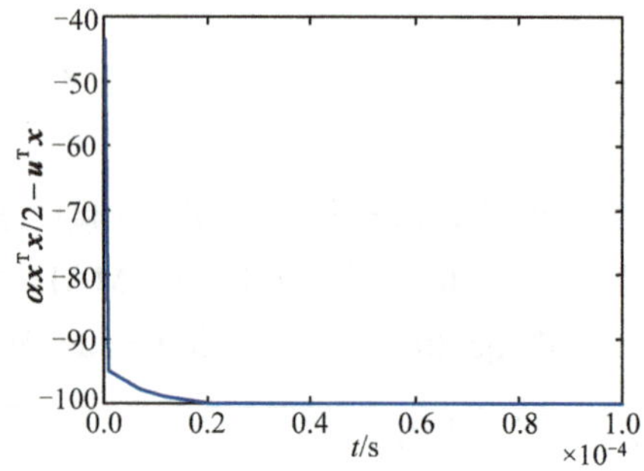


（d） $\gamma=10^4$ 时的 $\alpha\boldsymbol{x}^{\mathrm{T}}\boldsymbol{x}/2-\boldsymbol{u}^{\mathrm{T}}\boldsymbol{x}$

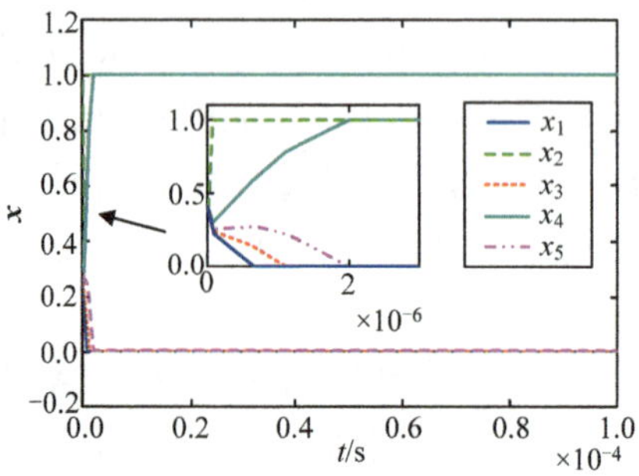


（e） $\gamma=10^5$ 时的 $\boldsymbol{x}$

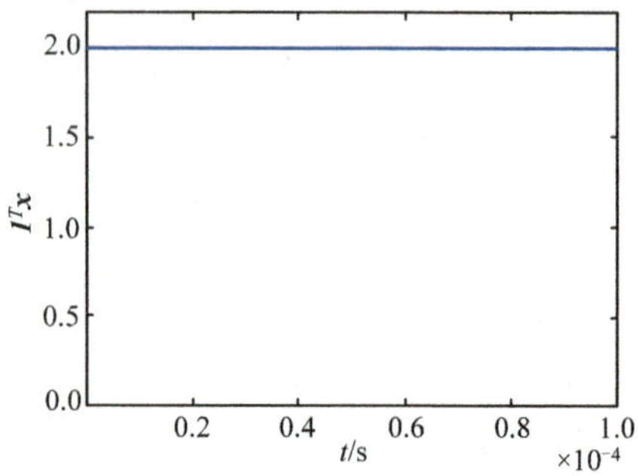


（f） $\gamma=10^5$ 时的 $\boldsymbol{1}^{\mathrm{T}}\boldsymbol{x}$

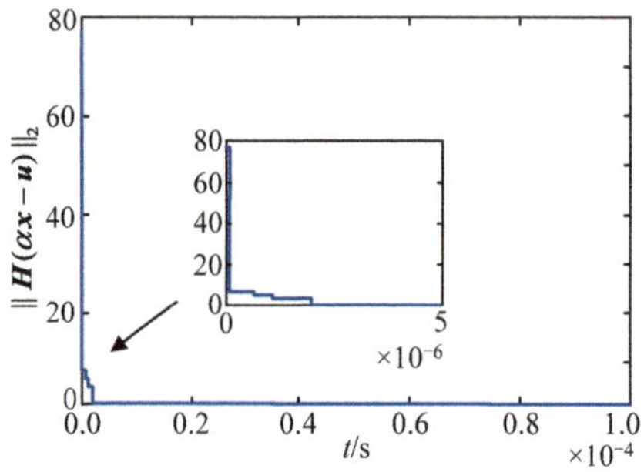


（g） $\gamma=10^5$ 时的 $\|\boldsymbol{H}(\alpha\boldsymbol{x}-\boldsymbol{u})\|_2$

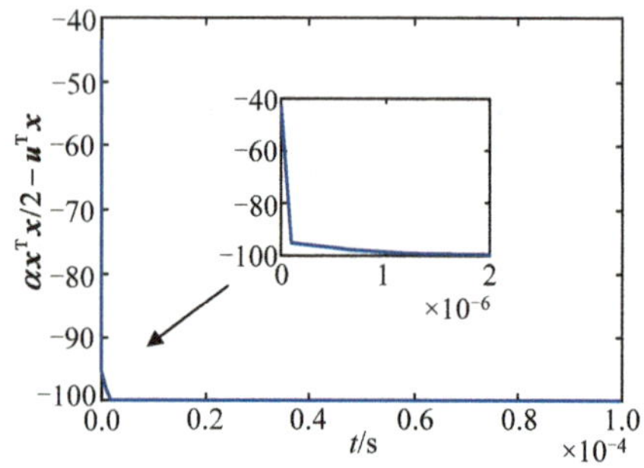


（h） $\gamma=10^5$ 时的 $\alpha\boldsymbol{x}^{\mathrm{T}}\boldsymbol{x}/2-\boldsymbol{u}^{\mathrm{T}}\boldsymbol{x}$

图 6.1（续）

的 $\alpha$ 值会使 IB-$k$WTA 网络模型式（6.16）的状态向量的收敛速度更快。以上结果表明本章提出的 IB-$k$WTA 网络模型式（6.16）的有效性，同时表明，为了实现快速收敛，可以将 $\gamma>0$ 设置得足够大，将 $\alpha>0$ 设置得足够小。因此，通过设置参数，可以很容易地调整该模型的收敛性。

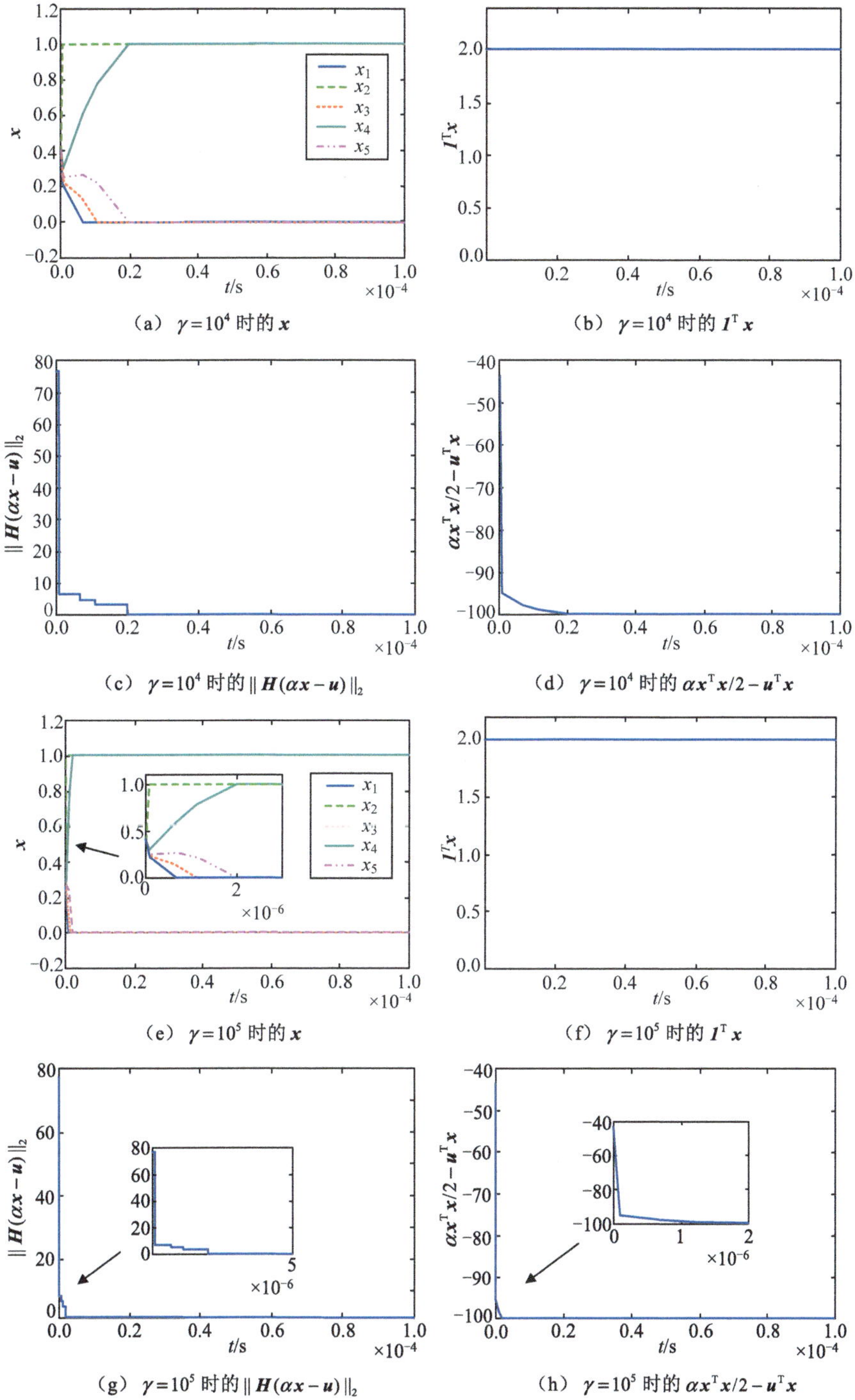

（a）$\gamma=10^4$ 时的 $\boldsymbol{x}$　　（b）$\gamma=10^4$ 时的 $\boldsymbol{1}^{\mathrm{T}}\boldsymbol{x}$

（c）$\gamma=10^4$ 时的 $\|\boldsymbol{H}(\alpha\boldsymbol{x}-\boldsymbol{u})\|_2$　　（d）$\gamma=10^4$ 时的 $\alpha\boldsymbol{x}^{\mathrm{T}}\boldsymbol{x}/2-\boldsymbol{u}^{\mathrm{T}}\boldsymbol{x}$

（e）$\gamma=10^5$ 时的 $\boldsymbol{x}$　　（f）$\gamma=10^5$ 时的 $\boldsymbol{1}^{\mathrm{T}}\boldsymbol{x}$

（g）$\gamma=10^5$ 时的 $\|\boldsymbol{H}(\alpha\boldsymbol{x}-\boldsymbol{u})\|_2$　　（h）$\gamma=10^5$ 时的 $\alpha\boldsymbol{x}^{\mathrm{T}}\boldsymbol{x}/2-\boldsymbol{u}^{\mathrm{T}}\boldsymbol{x}$

图 6.2　在不同 $\alpha$ 值的条件下，当 $\boldsymbol{u}=[0.001,0.002,0.003,0.004,0.005]^{\mathrm{T}}$，$\gamma=10^4$，$\boldsymbol{x}(0)=[1,1,0,0,0]^{\mathrm{T}}$ 时，由 IB-WTA 网络模型式（6.16）生成的仿真结果

对于上述仿真结果，有以下备注。

**备注 6.5** 图 6.1 和图 6.2 有助于证明本章提出的模型的有效性和参数对模型收敛性的影响。具体而言，图 6.1 展示了当输入的分辨率较大并将 $x_i(0)$ 的初始值设为 $k$ 的平均值时，本章提出的模型的有效性；图 6.2 展示了当输入的分辨率相对较小（即约等于$10^{-3}$），以及 $x_i(0)$ 的初始值设置为 1 或 0 时，本章提出的模型的有效性。通过将图 6.1（a）～（d）与图 6.1（e）～（h）进行比较，可以发现$\gamma$值的增大可以加速模型的收敛。通过将图 6.2（a）～（d）与图 6.2（e）～（h）进行比较，可以发现较小的$\alpha$值可以加速模型的收敛。综上所述，$\gamma$值越大，$\alpha$值越小，模型的收敛速度越快。

### 6.5.2 模型在并行排序中的应用

本小节展示本章提出的 IB-$k$WTA 网络模型在并行排序中的应用。根据文献[24]所述，利用$n-1$个$k$-WTA 网络模型可以解决$n$维列表的并行排序问题。考虑该文献中给出的例子，设置$n=6$和$\{r_1,r_2,r_3,r_4,r_5,r_6\}=\{5,3,6,1,2,4\}$。使用本章提出的 IB-$k$WTA 网络模型式（6.16），分别使用$k=1,2,\cdots,5$计算文献[24]中式（54）的$c_1',c_2',\cdots,c_5'$列，并将对应的$k$-WTA 网络模型的初始状态$x_i(0)$设置为$k/n$。5 个$k$-WTA 网络模型的参数分别设置为$\gamma=10^6$，$\alpha=10^{-3}$。根据仿真结果，当$t=1.1\times10^{-6}$s 时（当采用文献[24]中的模型时，其小于$2.51\times10^{-6}$），这 5 个$k$-WTA 网络模型能够找到正确的排序结果，即$c_1'=[0,0,1,0,0,0]^{\mathrm{T}}$，$c_2'=[1,0,1,0,0,0]^{\mathrm{T}}$，$c_3'=[1,0,1,0,0,1]^{\mathrm{T}}$，$c_4'=[1,1,1,0,0,1]^{\mathrm{T}}$和$c_5'=[1,1,1,0,1,1]^{\mathrm{T}}$。5 个$k$-WTA 网络模型的状态演化如图 6.3 所示。根据文献[24]所述，可以很容易地解码排序结果并验证其正确性。该结果表明本章提出的模型对并行排序的有效性。

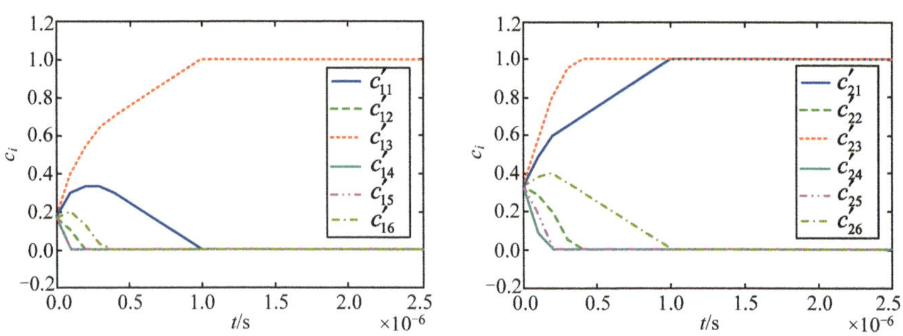


（a）由 1-WTA 计算的$c_1'$　　（b）由 2-WTA 计算的$c_2'$

图 6.3 5 个$k$-WTA 网络模型的状态演化

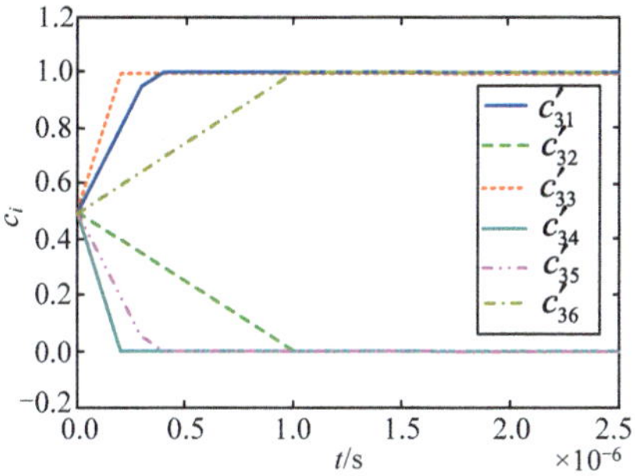


（c）由 3-WTA 计算的 $c'_3$

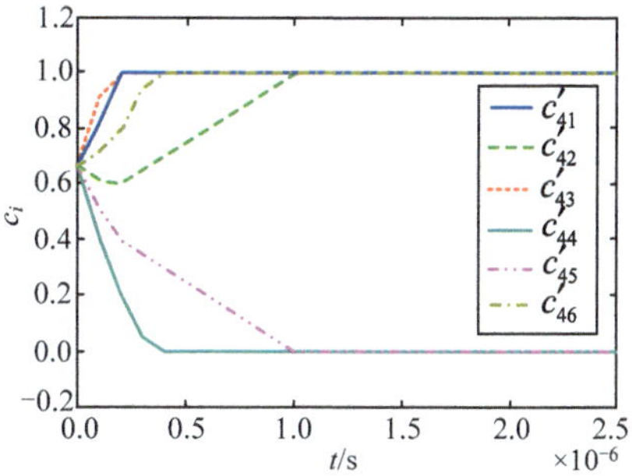


（d）由 4-WTA 计算的 $c'_4$

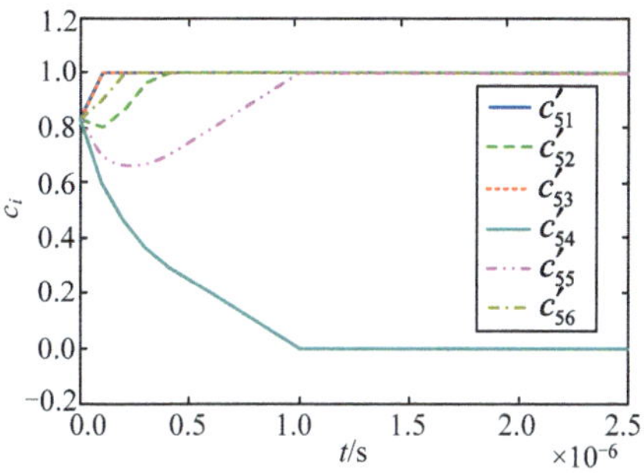


（e）由 5-WTA 计算的 $c'_5$

图 6.3（续）

## 6.6 本 章 小 结

本章提出了一种新的基于初始化的 $k$-WTA 网络模型，该模型的神经元数量与输入向量的维数相同。在本章提出的 IB-$k$WTA 网络模型的数学模型中，参数 $k$ 没有被明确包含，其值由 $k$-WTA 网络模型的初始状态决定。这是通过利用梯度下降和约束转换的一种新的机制来实现的。理论结果表明，本章提出的 IB-$k$WTA 网络模型具有全局渐近收敛性，仿真结果也验证了这一点。结果表明，通过设置较大的 $\gamma$ 值和较小的 $\alpha$ 值，可以加快所提出的 $k$-WTA 网络模型的收敛速度。

# 第 7 章　意见动力学中马太效应的建模

## 7.1　引　　言

马太效应（Matthew effect，ME）存在于社会生活的方方面面，影响着社会事件的发展趋势。上海交通大学的 Yang 等[173]探究了新浪微博中的马太效应。通过分析进入热门排行榜前后微博转发数量的差异得知，在社交网络中，热门微博总是更容易被推荐给更多的用户，从而使其热度持续增加，这验证了社交网络中马太效应的存在。重庆大学的 Chen 等[174]分析了物流网络的分解原理，提出了一种基于马太效应的物流布局设计方法以适应动态变化的情况。中国矿业大学的赵立雨教授团队针对政府科技投入对高校科研产出的影响，分析了其中存在的马太效应，并提出了对应的治理方案[175]。

研究学者对于社会系统中各个领域的马太效应进行了广泛而深入的研究[176-177]。然而，现有的马太效应研究大多集中于探究特定领域内的马太效应，而非建立通用的马太效应模型[178-179]。因此，本章旨在利用基于主体的模型（agent-based model，ABM）技术构建一个基于分布式拓扑的通用马太效应模型，描述社交网络中意见动力之间的马太效应，帮助社会个体或组织更好地理解马太效应的本质，利用良性竞争的特点更好地发展，同时避免过度的马太效应引发社会问题，推演社会发展趋势及时对其进行干预与调控。

为合理地描述计算社会系统中的马太效应，以便于人类预测社会事件发展趋势并从中获得行为活动的指导，本章采用计算实验[180-181]的方法构建一个马太效应模型，从中抽象出社会系统的概念模型，在信息世界中培育出真实社会系统的“数字孪生”[182-184]，然后使用计算机仿真技术验证所构建模型的有效性[185]。具体地，基于代数图论对社交网络的拓扑结构进行建模，构建描述其中个体状态的网络模型。随后，对网络中个体的演化情况进行分析与建模。该模型的稳定性和收敛性通过理论分析与仿真实验得以验证。

## 7.2　问题描述与马太效应模型设计

作为后续研究与讨论的基础，本节首先介绍马太效应的建模需求，描述马太效应的模型特征，然后详细展示计算社会系统中马太效应模型的构建流程。

### 7.2.1　问题描述

马太效应的本质可以描述如下：社会竞争中处于优势地位的个体不断获取新的优势，从而发展得越发强盛，而处于劣势地位的个体不断遭遇新的失利，处境越发糟糕。这与 WTA 算法的原理相同，整个社会系统可以被看作一个巨大的竞技场。一旦某个个体在竞争初期取得了某方面微小的优势，在随之而来的发展过程中，这种微小的优势会如同滚雪球般不断积累，最终导致不同个体之间出现难以想象的巨大差距。据此，选择采用$k$-WTA 算法在马太效应中确定处于优势地位的个体，即从系统的$n$个输入中选取$k$个最大的输入，作为马太效应作用下社会系统所能容纳的$k$个领衔地位，向着领域内最终的垄断地位不断发展。本章选用文献[184]中构造的$k$-WTA 网络模型，$\boldsymbol{d}$表示输入，$\boldsymbol{m}$表示输出，具体描述如下。

（1）输出方程，表示如下：

$$m_i = P_{\Omega i}\left(\varrho + \frac{d_i}{2\theta}\right),\ \ i = 1, \cdots, n \tag{7.1}$$

（2）状态方程，表示如下：

$$\dot{\varrho} = -\zeta\left(\sum_{i=1}^{n} m_i - k\right) \tag{7.2}$$

式中，$\varrho \in \mathbb{R}$ 是随机初始化的辅助变量；$\theta$是一个足够小的常数；$\zeta > 0$是比例因子。作为$P_\Omega$的第$i$个元素，$P_{\Omega i}$定义如下：

$$P_{\Omega i}\left(\varrho + \frac{d_i}{2\theta}\right) = \begin{cases} 1, & \varrho + \dfrac{d_i}{2\theta} > 1 \\ \varrho + \dfrac{d_i}{2\theta}, & -1 \leqslant \varrho + \dfrac{d_i}{2\theta} \leqslant 1 \\ -1, & \varrho + \dfrac{d_i}{2\theta} < -1 \end{cases} \tag{7.3}$$

由文献[184]可知，上述$k$-WTA 网络模型能够解决如下问题：

$$m_i = \begin{cases} 1, & \text{如果第}i\text{个个体是输入中最大的}k\text{个个体之一} \\ 0, & \text{如果第}i\text{个个体不是输入中最大的}k\text{个个体之一} \end{cases} \tag{7.4}$$

因此，选用上述$k$-WTA 网络模型来选择在当前社会形势下具有发展优势的个体。其中，最大的$k$个输入所对应的输出值被赋为 1，其余输出值则被赋为 0。因此，输出向量$\boldsymbol{m} \in \mathbb{R}^n$是判断一个个体在当前社会形势下是否具有发展优势的重要参数。

### 7.2.2 社交网络

根据第 2 章所述社交网络的计算机表示法，构建马太效应作用下的社交网络 $G=(V,E,\boldsymbol{A})$。在现实世界中，如果个体之间不存在信息交互，那么便不会出现竞争关系，也就不会形成马太效应。因此，所构建的网络模型需要基于连通性的假设。本节选择 ER 随机网络模型实现社交网络的生成。本章构建的社交网络为一个无向连通图，反映了社会系统中个体之间的通信状况。无向图中的每个节点代表一个社会个体（社会系统中的个人、组织或机构），个体之间的交互由无向图的邻接矩阵 $\boldsymbol{A}=[a_{ij}]_{n\times n}$ 表示：

$$a_{ij}=\begin{cases} w_{ij}, & j\in \boldsymbol{N}(i) \\ 0, & j\notin \boldsymbol{N}(i) \end{cases} \tag{7.5}$$

式中，$\boldsymbol{W}=[w_{ij}]_{n\times n}$ 表示边集的权重矩阵；$\boldsymbol{N}(i)=\{j:(v_j,v_i)\in E\}$ 表示第 $i$ 个个体的邻居集。在所构建的网络模型中不存在自循环，因此 $a_{ii}=0$。此外，社交网络对应的通信状态由拉普拉斯矩阵 $\boldsymbol{L}=[l_{ij}]_{n\times n}=\mathrm{diag}(\boldsymbol{AI})-\boldsymbol{A}$ 表示：

$$L_{ij}=\begin{cases} \sum\limits_{\kappa\in \boldsymbol{N}(i)} a_{i\kappa}, & j=i \\ -a_{ij}, & j\neq i \end{cases} \tag{7.6}$$

该矩阵为一个对称半正定矩阵，其中 $\boldsymbol{I}$ 表示单位矩阵，$\mathrm{diag}(\boldsymbol{AI})$ 表示 $\boldsymbol{AI}$ 矩阵的对角矩阵。值得注意的是，上述拉普拉斯矩阵中的元素并不依赖矩阵 $\boldsymbol{A}$ 的对角线元素。

### 7.2.3 动态行为

对于一组 $n$ 个输入个体，从中选取 $k$ 个最具有发展优势的个体，随后使它们不断地获得更大的优势。这一过程中的动态行为被用来表征马太效应中主体的基本行为，以此来预测和评价社会形势。

将一个或多个领域的垄断地位（即表示个体或组织在这些领域内的巨大优势）记为 $g$。相应地，第 $i$ 个个体的社会状况用 $\phi_i$ 来表示。值得注意的是，由于社会系统中各种因素可能影响社会个体的发展，因此 $\phi_i$ 和 $g$ 通常存在多个维度的变量，用以衡量个体在不同角度的发展状况。将第 $i$ 个主体在社会系统中的演化规律描述如下：

$$\dot{\phi}_i=m_i\left(c\frac{\partial d_i}{\partial \phi_i}-\dot{g}\right) \tag{7.7}$$

显然，一个领域内的垄断地位往往不是一成不变的，随着社会形势的变化，如政府颁布的政策的变化、人们生理和心理需求的变化，更加适合该领域需求的垄断地位也会随之发生改变。因此，在式（7.7）中定义辅助变量$c>0$，用于描述社会形势的变化速度。

由此，第$i$个社会个体的发展状况（即个体在该领域内取得的优势）可以用$\phi_i - g$来衡量。当第$i$个个体的发展状况越接近该领域的垄断地位时，表示该个体的发展状况越好，取得的发展优势越大。在这种情况下，$\phi_i - g$的值相对较小。反之，当第$i$个个体的发展状况与该领域的垄断地位相差较远时，该个体的发展状况越差，具备的发展优势越弱，此时$\phi_i - g$的值相对较大。特别地，当$\phi_i - g$的值为 0 时，表示第$i$个个体完全占据了所处领域内的垄断地位，获得了巨大的成功。

根据马太效应的特点可以得知，处于优势地位的个体往往更容易在后续的发展中获得更多的优势。然而，这并不意味着它们的发展速度也将持续提高。众所周知，在一个社会系统中，早期的发展通常是最容易的。无论在什么领域内，起步阶段的个体往往拥有比较充足的发展与改进空间。此时，它们可以在多个方面同时推进，发展速度非常快。经历了一段时期的发展后，个体容易遭遇发展瓶颈，在各方面的改进空间随之缩小，因此发展速度会相应放缓。根据上述发展规律，将第$i$个个体的发展速度定义如下：

$$d_i = -\frac{\|\phi_i - g\|_2^2}{2} \tag{7.8}$$

为了保证$k$-WTA 网络模型描述马太效应的可行性，需要保证当$\bar{d}_l > \bar{d}_{l+1}$时，$\theta \leqslant \frac{\bar{d}_l - \bar{d}_{l+1}}{2}$。其中，$\bar{d}_l$和$\bar{d}_{l+1}$分别表示输入$\boldsymbol{d}$中第$l$大和第$l+1$大的社会个体。

### 7.2.4　分布式通信

考虑 1.3.2 中所描述的具有$n$个社会个体的社交网络，将每个个体的动态行为表述为

$$\dot{x}_i = \varpi_i \tag{7.9}$$

式中，$x_i$表示第$i$个社会个体；$\varpi_i$为控制输入。

在社交网络中，单独的个体往往无法直接获知全局信息。因此，为了更好地描述社会学中社交网络的分布性，选择一致性估计器来实现模型的分布式通信，以描述社会系统中个体之间的交互：

$$\begin{cases} \varpi_i = -\xi\left[\sum\limits_{j\in \boldsymbol{N}(i)} a_{ij}\left(x_i - x_j\right) + \left(x_i - m_i\right) + \sum\limits_{j\in \boldsymbol{N}(i)} a_{ij}\left(\sigma_i - \sigma_j\right)\right] \\ \dot{\sigma}_i = \sum\limits_{j\in \boldsymbol{N}(i)} a_{ij}\left(x_i - x_j\right) \end{cases} \tag{7.10}$$

式中，$x_i$ 为 $\dfrac{\sum_{i=1}^{n} P_{\Omega i}(u+s_i/(2\lambda))}{n}$ 的估计；$\xi>0$ 为全局估计系数；$\sigma_i$ 表示第 $i$ 个个体所保持的标量状态，代表每个个体与相邻个体协调趋近一致的变量值；$\dot{\sigma}_i$ 表示该标量状态变化率。

将拉普拉斯矩阵 $\boldsymbol{L}=\operatorname{diag}(\boldsymbol{A}\boldsymbol{I})-\boldsymbol{A}$ 代入式（7.10）中，社交网络的状态按照如下线性系统演化：

$$\dot{\boldsymbol{x}}=-\xi\left[\boldsymbol{L}\boldsymbol{x}+(\boldsymbol{x}-\boldsymbol{m})+\boldsymbol{L}\int_{t_0}^{t}\boldsymbol{L}\boldsymbol{x}\mathrm{d}t\right] \tag{7.11}$$

式中，$t_0$ 表示初始时刻。

### 7.2.5 马太效应模型

将式（7.1）代入式（7.2）和式（7.7）中，得到以下模型：

$$\begin{cases}\dot{\phi}_i=P_{\Omega i}\left(\varrho+\dfrac{d_i}{2\theta}\right)\left(c\dfrac{\partial d_i}{\partial \phi_i}-\dot{g}\right)\\ \dot{\varrho}=-\zeta\left\{\displaystyle\sum_{i=1}^{n}P_{\Omega i}\left(\varrho+\dfrac{d_i}{2\theta}\right)-k\right\}\end{cases} \tag{7.12}$$

式（7.12）可表示为如下紧凑形式：

$$\begin{cases}\dot{\boldsymbol{\phi}}=P_{\Omega}\left(\varrho\boldsymbol{1}_{\kappa n}+\dfrac{\boldsymbol{d}}{2\theta}\otimes\boldsymbol{1}_{\kappa}\right)(c\boldsymbol{\varDelta}-\dot{g})\\ \dot{\varrho}=-\zeta\left(\boldsymbol{1}_n^{\mathrm{T}}P_{\Omega}\left(\varrho\boldsymbol{1}_n+\dfrac{\boldsymbol{d}}{2\theta}\right)-k\right)\end{cases} \tag{7.13}$$

式中，$\kappa$ 表示 $\phi$ 和 $g$ 的维数；$\boldsymbol{\varDelta}=[\partial d_1/\partial\phi_1,\cdots,\partial d_n/\partial\phi_n]^{\mathrm{T}}$；$\otimes$ 表示克罗内克积。

在式（7.13）所表示模型的基础上，为实现模型的分布式通信，将 $\sum_{i=1}^{n}P_{\Omega i}(\varrho+d_i/(2\theta))$ 替换为分布式一致性估计器式（7.11），得到计算社会系统中的 ME 模型：

$$\begin{cases}\dot{\boldsymbol{x}}=-\xi\left[\boldsymbol{L}\boldsymbol{x}+(\boldsymbol{x}-\boldsymbol{m})+\boldsymbol{L}\displaystyle\int_{t_0}^{t}\boldsymbol{L}\boldsymbol{x}\mathrm{d}t\right]\\ \dot{\boldsymbol{\phi}}=P_{\Omega}\left(\varrho\boldsymbol{1}_{\kappa n}+\dfrac{\boldsymbol{d}}{2\theta}\otimes\boldsymbol{1}_{\kappa}\right)(c\boldsymbol{\varDelta}-\dot{g})\\ \dot{\varrho}=-\zeta\left(\boldsymbol{1}_n^{\mathrm{T}}\boldsymbol{x}-k\right)\end{cases} \tag{7.14}$$

本章提出的马太效应模型的算法流程图如图 7.1 所示。

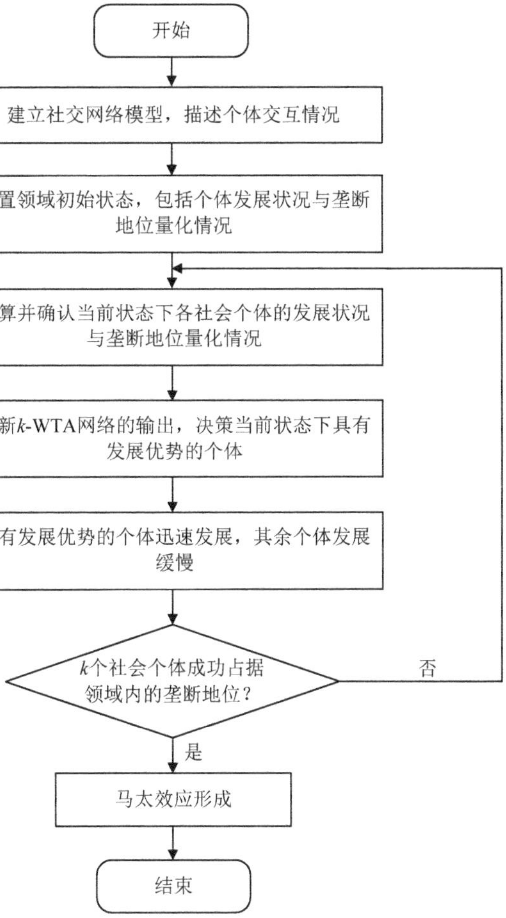


图 7.1　本章提出的马太效应模型的算法流程图

## 7.3　理论分析与结果

本节讨论所提出的计算社会系统中的马太效应模型式(7.14)的特征并给出模型收敛性的证明与分析。

### 7.3.1　特征

在社会系统中，当某个领域兴起之时，常常会吸引很多个体或组织进入其中。由于当前领域内的社会形势尚不明晰，各参与者依照自身经验选择从不同角度进行探索与研究，试图占据先发优势，从而获得在该领域内的成功。随着该领域的发展和相关信息的披露，一些不适应该领域内发展需求的个体将逐渐被淘汰，发展停滞不前；而顺应社会形势的个体将得以迅速发展，并逐步获取更多优势，从而占据垄断地位。

在这一过程中顺应社会形势、具有发展优势的参与者称为“赢家”，而发展停滞的参与者称为“输家”。本章提出的马太效应模型式（7.14）具有如下特征。

（1）$k$个赢家：对于社会系统中由模型式（7.14）描述的一组$n$个个体，只有$k$个个体最顺应当前领域内的发展需求，并随着时间的推移获取更多的发展机遇，从而迅速发展。

（2）$n-k$ 个输家：该组中的其余个体相对而言均为“输家”。其探索方向与当前社会形势相差甚远，因此很难获得更多的发展机遇，从而只能被动地蜷缩在当前状态下。

（3）赢家和输家的动态转换：“赢家”和“输家”并非总是一成不变的。当某些突发事件导致社会形势发生变化时，原先的“输家”探索方向可能反而更加贴近当前社会形势，从而使其能够抓住机遇迅速发展壮大，转换为社会竞争中新的“赢家”。

将以上特征总结为定理 7.1，并证明如下。

**定理 7.1** 对于社会系统中同一领域内由模型式(7.14)描述的$n$个社会个体，同一时间内有$k$个个体能够快速积累发展优势从而取得进步，其余$n-k$ 个个体则不具备发展机遇。

**证明** 定义$V_0=\zeta\left[\sum_{i=1}^{n}H\left(\varrho+\frac{d_i}{2\theta}\right)-k\varrho\right]$，其中$H(x)$定义如下：

$$H(x)=\begin{cases}0, & x<0\\ \dfrac{x^2}{2}, & 0\leqslant x\leqslant 1\\ x-\dfrac{1}{2}, & x>1\end{cases}$$

分析$H(x)$，该函数具有如下性质。

（1）$\sum_{i=1}^{n}\left[H\left(\varrho+\frac{d_i}{2\theta}\right)-\frac{k(\varrho+d_i/(2\theta))}{n}\right]$有下界。

由于

$$H(x)-\frac{kx}{n}=\begin{cases}-\dfrac{kx}{n}\geqslant 0, & x<0\\ \dfrac{x^2}{2}-\dfrac{kx}{n}\geqslant -\dfrac{k^2}{2n^2}, & 0\leqslant x\leqslant 1\\ -\dfrac{1}{2}+\dfrac{n-k}{n}x\geqslant \dfrac{n-k}{n}-\dfrac{1}{2}, & x>1\end{cases}$$

显然，$\sum_{i=1}^{n}\left[H\left(\varrho+\frac{d_i}{2\theta}\right)-\frac{k(\varrho+d_i/(2\theta))}{n}\right]$是有下界的。

（2）$\partial H(x)/\partial x=P_{\Omega}(x)$。

定义$L_i=-d_i=-f_i(\varrho_i)=\|\phi_i-g\|_2^2/2$，$Y=\frac{2\theta}{c\zeta}V_0+\frac{1}{c}\sum_{i=1}^{n}L_i$。将 $Y$ 和 $\dot{Y}$ 的性质总结如下：

① $Y$ 的性质表示如下：

$$Y=\frac{2\theta}{c}\sum_{i=1}^{n}\left[H\left(\varrho+\frac{d_i}{2\theta}\right)-\frac{k}{n}\left(\varrho+\frac{d_i}{2\theta}\right)\right]+\frac{n-k}{cn}\sum_{i=1}^{n}(-d_i)$$

由于$\sum_{i=1}^{n}\left[H\left(\varrho+\frac{d_i}{2\theta}\right)-\frac{k(\varrho+d_i/2\theta)}{n}\right]$和$-d_i$均有下界，因此，$Y$也是有下界的。

② $\dot{Y}$ 的性质表示如下：

$$\dot{Y}=\left(\frac{\partial Y}{\partial\varrho}\right)^{\mathrm{T}}\dot{\varrho}+\sum_{i=1}^{n}\left(\frac{\partial Y}{\partial d_i}\right)^{\mathrm{T}}\dot{d}_i$$

式中，

$$\frac{\partial Y}{\partial\varrho}=\frac{2\theta}{c}\sum_{i=1}^{n}\left(P_{\Omega i}\left(\varrho+\frac{d_i}{2\theta}\right)-\frac{k}{n}\right)=\frac{2\theta}{c}\sum_{i=1}^{n}\left(m_i-\frac{k}{n}\right)=\frac{2\theta}{c}\sum_{i=1}^{n}m_i-k$$

$$\frac{\partial Y}{\partial d_t}=\frac{2\theta}{c}\left(P_{\Omega i}\left(\varrho+\frac{d_i}{2\theta}\right)\frac{1}{2\theta}-\frac{k}{n}\frac{1}{2\theta}\right)+\frac{k}{cn}-\frac{1}{c}=\frac{1}{c}P_{\Omega i}\left(\varrho+\frac{d_i}{2\theta}\right)-\frac{1}{c}$$

$$\dot{d}_i=\frac{\partial f_i(\phi_i)}{\partial\phi_i}^{\mathrm{T}}\dot{\phi}_i=cP_{\Omega i}\left(\varrho+\frac{d_i}{2\theta}\right)\left\|\frac{\partial f_i(\phi_i)}{\partial\phi_i}\right\|_2^2$$

进一步地，可以得到

$$\left(\frac{\partial Y}{\partial\varrho}\right)^{\mathrm{T}}\dot{\varrho}=\frac{2\theta}{c}\left(\sum_{i=1}^{n}m_i-k\right)^{\mathrm{T}}\dot{\varrho}=-\zeta\frac{2\theta}{c}\left(\sum_{i=1}^{n}m_i-k\right)^{\mathrm{T}}\left(\sum_{i=1}^{n}m_i-k\right)$$

$$=-\zeta\frac{2\theta}{c}\left(\sum_{i=1}^{n}m_i-k\right)^2\leqslant 0$$

$$\left(\frac{\partial Y}{\partial d_i}\right)^{\mathrm{T}}\dot{d}_i=\left(P_{\Omega i}\left(\varrho+\frac{d_i}{2\theta}\right)-1\right)P_{\Omega i}\left(\varrho+\frac{d_i}{2\theta}\right)\left\|\frac{\partial f_i(\phi_i)}{\partial\phi_i}\right\|_2^2$$

由$P_{\Omega i}\left(\varrho+\frac{d_i}{2\theta}\right)$的定义可知，$\left(P_{\Omega i}\left(\varrho+\frac{d_i}{2\theta}\right)-1\right)\leqslant 0$，$P_{\Omega i}\left(\varrho+\frac{d_i}{2\theta}\right)\geqslant 0$。因此，当$P_{\Omega i}\left(\varrho+\frac{d_i}{2\theta}\right)=1$或$P_{\Omega i}\left(\varrho+\frac{d_i}{2\theta}\right)=0$时，有$\left(\frac{\partial Y}{\partial d_i}\right)^{\mathrm{T}}\dot{d}_i\leqslant 0$。此外，容易推出$\dot{\zeta}\leqslant 0$。

根据 LaSalle 不变定理，令 $\zeta=0$，有 $\forall i$，且

$$\left(P_{\Omega i}\left(\varrho+\frac{d_i}{2\theta}\right)-1\right)P_{\Omega i}\left(\varrho+\frac{d_i}{2\theta}\right)\left\|\frac{\partial f_i(\phi_i)}{\partial \phi_i}\right\|_2^2=0 \tag{7.15}$$

以及

$$\sum_{i=1}^{n} m_i = k \tag{7.16}$$

由式（7.15）和式（7.16）可以推出以下结果。

（1）分析式（7.15），存在以下三种子情况。

① 当 $P_{\Omega i}\left(\varrho+\frac{d_i}{2\theta}\right)=1 \Rightarrow m_i=1 \Rightarrow \dot{\phi}_i=c\frac{\partial d_i}{\partial \phi_i}$ 时，随着 $t\to\infty$，$\phi_i\to g$，$\phi_i$ 快速积累发展优势，向着垄断地位快速发展。

② 当 $P_{\Omega i}\left(\varrho+\frac{d_i}{2\theta}\right)=0 \Rightarrow m_i=0 \Rightarrow \dot{\phi}_i=0$ 时，$\phi_i$ 不具备发展机遇。

③ 当 $\frac{\partial f_i(\phi_i)}{\partial \phi_i}=0 \Rightarrow \phi_i=g$ 时，$p_i$ 基本占据了领域内的垄断地位。

（2）关于式（7.16），有 $\sum_{i=1}^{n} m_i = k = \sum_{i=1}^{n} P_{\Omega i}\left(\varrho+\frac{d_i}{2\theta}\right)$。依据 $d_1^* \geqslant \cdots \geqslant d_n^*$ 重新排序 $d_i(i=1,2,\cdots,n)$，得到 $P_{\Omega i}\left(\varrho+\frac{d_1^*}{2\theta}\right)\geqslant\cdots\geqslant P_{\Omega i}\left(\varrho+\frac{d_n^*}{2\theta}\right)$。对于 $n_1+n_2+n_3=n$，假定以下三个前提条件：$P_{\Omega i}\left(\varrho+\frac{d_1^*}{2\theta}\right)=\cdots=P_{\Omega i}\left(\varrho+\frac{d_{n_1}^*}{2\theta}\right)=1$；$P_{\Omega i}\left(\varrho+\frac{d_{n_1+1}^*}{2\theta}\right),\cdots,P_{\Omega i}\left(\varrho+\frac{d_{n_1+n_2}^*}{2\theta}\right)\in(0,1)$；$P_{\Omega i}\left(\varrho+\frac{d_{n_1+n_2+1}^*}{2\theta}\right)=\cdots=P_{\Omega i}\left(\varrho+\frac{d_{n_1+n_2+n_3}^*}{2\theta}\right)=0$。据此，得到以下三种子情况。

① 对于 $d_i^*$，$i\in\{1,2,\cdots,n_1\}$，有 $m_i=1\Rightarrow\dot{\phi}_i=c\frac{\partial d_i}{\partial \phi_i}$，最终，随着 $t\to\infty$，$\phi_i\to g$，$\phi_i$ 快速积累发展优势，向着垄断地位快速发展。

② 对于 $d_i^*$，$i\in\{n_1+1,\cdots,n_1+n_2\}$，有 $m_i>0$，最终，随着 $t\to\infty$，$\phi_i\to g$，$\phi_i$ 快速积累发展优势，向着垄断地位快速发展。

③ 对于 $d_i^*$，$i\in\{n_1+n_2+1,\cdots,n_1+n_2+n_3\}$，有 $m_i=0\Rightarrow\dot{\phi}_i=0$，$\phi_i$ 不具备发展机遇。

在以上分析中，$d_i$ 逐渐接近最大值。因此，$P_{\Omega i}\left(\varrho+\frac{d_{n_1}^*+1}{2\theta}\right)$ 也达到相同值。此

外，进一步分析得到$k=\sum_{i=1}^{n}P_{\Omega i}\left(\varrho+\frac{d_i^*}{2\theta}\right)=n_1+\sum_{i=n_1+1}^{n_1+n_2}P_{\Omega i}\left(\varrho+\frac{d_i^*}{2\theta}\right)$。对于$i\in\{n_1+1,\cdots,n_1+n_2\}$，$P_{\Omega i}\left(\varrho+\frac{d_i^*}{2\theta}\right)=1$。因此，$k=n_1+n_2$，他们都是赢家。至此，证明完毕。

### 7.3.2　收敛性分析

本节为证明马太效应模型式（7.14）的收敛性与稳定性，提出以下定理。

**定理 7.2**　当且仅当$g$有界时，式（7.7）具有有界输入——有界输出稳定性。

**证明**　定义$\boldsymbol{u}$表示社会竞争中的个体或组织与当前社会形势的贴合程度，则$u_i=\phi_i-g$。特别地，$u_i(0)$表示$\phi_i$和$g$之间在初始时刻的差值。根据式（7.8），式（7.7）可以写为

$$\dot{\phi}_i=-m_i\left(c\left(\phi_i-g\right)+\dot{g}\right) \tag{7.17}$$

使用$u_i$替换式（7.17）中的$\phi_i-g$项，将所得等式整理为一阶非齐次线性微分方程，即

$$\dot{u}_i+m_icu_i=\left(-1-m_i\right)\dot{g} \tag{7.18}$$

计算式（7.18）的解：

$$u_i=u_i(0)\exp(-m_ict)+\exp(-m_ict)\int(-1-m_i)\dot{g}\exp(m_ict)\mathrm{d}t \tag{7.19}$$

由此，式（7.7）的指数稳定性得以证明。随着$c$值的增长，式（7.7）产生的稳态误差逐渐减小至零。至此，证明完毕。

## 7.4　数值仿真与应用

本节给出一个数值仿真实例来证明马太效应模型模拟马太效应作用下社会系统演化的有效性，并通过模型的输出分析社会竞争实况。此外，本节提供马太效应模型适配的部分真实应用场景。

### 7.4.1　数值实验

在社会系统中，往往存在多个维度的因素共同影响个体的发展水平，如资金、人力资源、时间、发展重心等。不同元素作为不同维度，共同构成一个整体，用以衡量个体的发展状况。因此，为了更加准确地描述社会竞争的垄断地位与参与者的发展状况，马太效应模型将$\boldsymbol{\phi}$和$g$划分为多个维度。在本节的数值仿真中，由于展示形式的限制，将其划分为三个维度（即$k=3$），以便于直观地观察社会发展趋势。但值得指出的是，马太效应模型拥有处理现实世界中超过三个维度的问题的能力。

在本节数值实验中，参数设置如下：$n=15$，$k=2$，$\theta=0.1$，$c=2$，$\zeta=10^5$，$\xi=10^5$，执行时间$T=10\text{s}$。此外，社交网络选用 WS 小世界网络模型生成。值得注意的是，通信拓扑的连通度越高，马太效应模型的收敛速度越快。当某一个体或组织与垄断地位的差距小于 0.01 时，认为该参与者已基本占据该领域内的垄断地位。此外，根据本章提出的马太效应模型，随着社会趋势的演变，该领域内的垄断地位也在不断发生变化。

在本例中，首先在社会系统中设置一个垄断地位，随后设计 15 名参与者（O1, O2,···,O15）来参与此次社会竞争，模拟竞争过程中的马太效应，对应于马太效应模型中的$n$。共 15 名参与者通过相互竞争，选择 2 名参与者作为具备发展优势的个体迅速向着正确的方向发展，对应于马太效应模型中的$k$。相应的仿真结果如图 7.2 和图 7.3 所示。在社会形势不断变化的情况下，各参与者形成马太效应的过程及社交网络拓扑结构直观地展示在图 7.2 中，该过程中的数值变化在图 7.3 中得以体现。

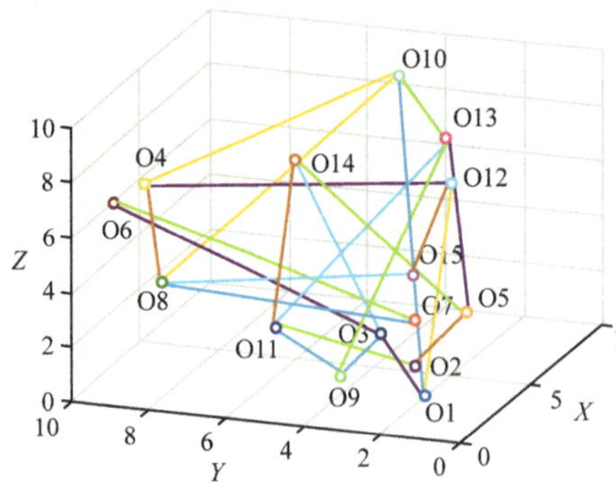


（a）ER 随机网络模型生成的社交网络，网络节点数 $n$=15

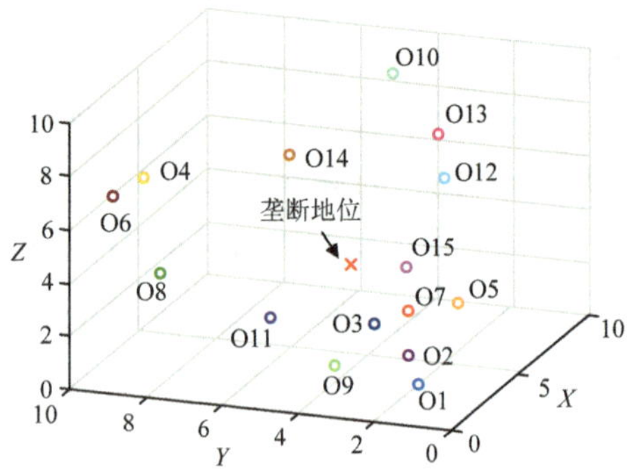


（b）$t$=0s 时的发展过程

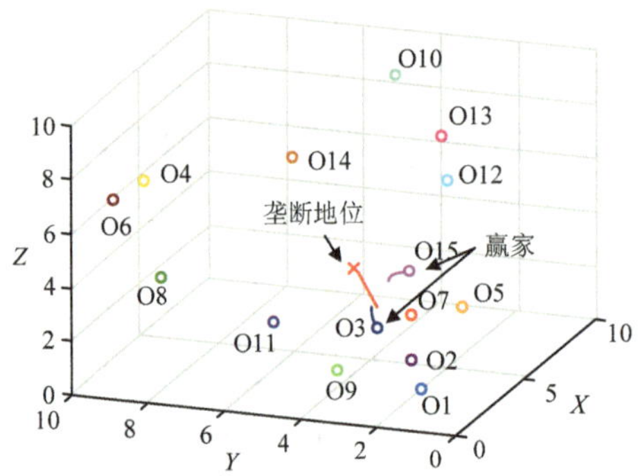


（c）$t$=0.39s 时的发展过程

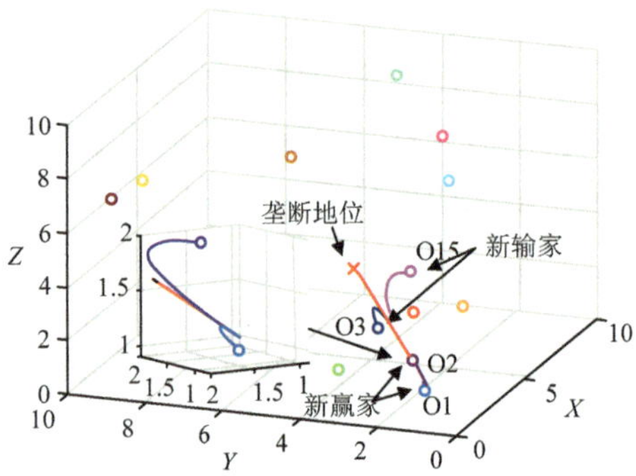


（d）各参与者和垄断地位完整的发展过程

图 7.2　马太效应作用下各参与者的发展过程，其中参与者的初始发展状况和垄断地位为随机生成

如图 7.2（b）所示，当目标领域兴起时，15 名参与者的发展状况随机分布在

社会系统中，用不同颜色的圆圈标记。此时，用叉号标记的垄断地位的位置在(4.5,4.2,3.6)左右，即三个维度的影响因素($X,Y,Z$)的量化值分别为4.5、4.2、3.6。随后，最具发展优势的（即与垄断地位最接近的）2 名参与者受到社会环境的激励，迅速向着正确的方向攫取更多的优势。相较之下，其余的参与者不受社会形势的驱动。最终，如图 7.2（c）所示，O3 和 O15 开始朝着垄断地位靠近。

图 7.2（d）展示了马太效应作用下社会系统的完整发展过程。由于社会形势的变化速度较快，上一阶段未能获得社会环境激励的参与者 O2 与当前形势下的垄断地位更加贴近，因此代替了 O15 成为了新的具有发展优势的个体。与之相似，O3 在后续的发展过程中也沦为“输家”，而 O1 代替其成为新的“赢家”。从图中可以直观地发现，O2 和 O1 迅速发展，在执行时间内最终占据了领域内的优势地位；O3 和 O15 则不再受社会驱动，停滞不前。这些参与者发展过程的轨迹均是平滑的，展现了社会竞争参与者动态活动的全过程和最终结果。以上仿真结果初步验证了马太效应模型的有效性。

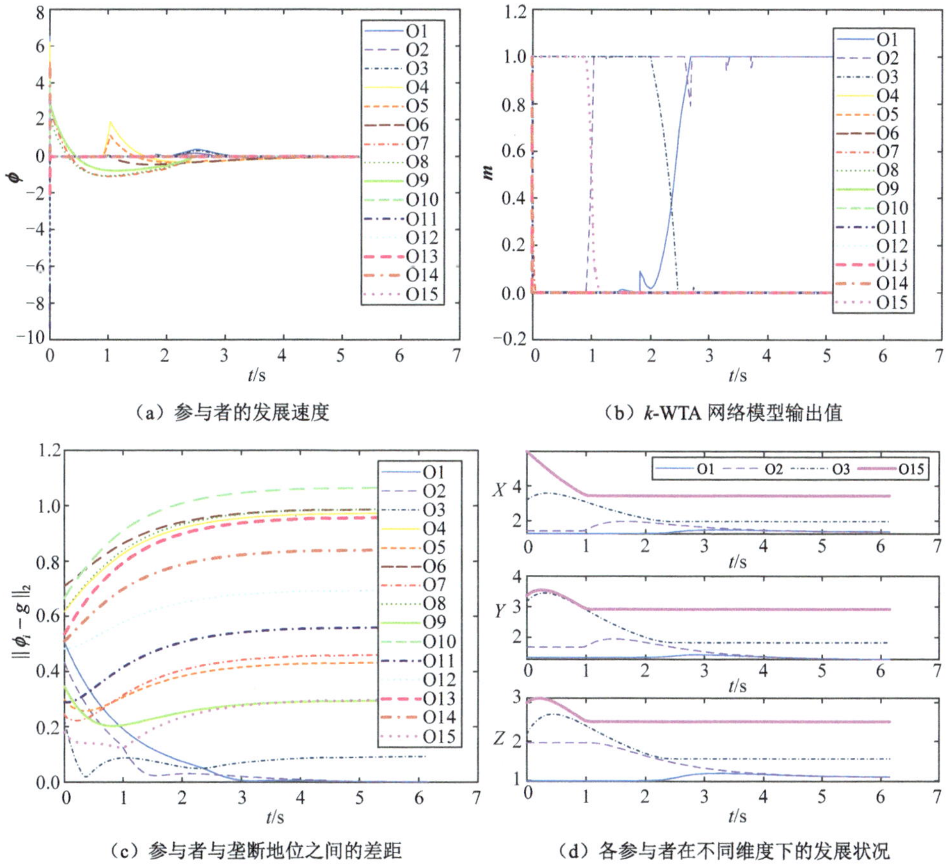


（a）参与者的发展速度

（b）$k$-WTA 网络模型输出值

（c）参与者与垄断地位之间的差距

（d）各参与者在不同维度下的发展状况

图 7.3 马太效应发展过程中的各种数值变化

在上述发展过程中，15 名参与者的发展速度在图 7.3（a）得到展示。据此分析可以得知，不受社会环境所激励的个体的发展往往停滞不前，而顺应发展环境的个体的发展速度在经历巅峰之后也会逐步放缓。图 7.3（b）为$k$-WTA 网络模型在整个发展过程中的输出值，当输出为 1 时，表示该个体具有当前社会情境下的发展优势。由该图分析可知，$k$-WTA 网络模型的输出能够在社会形势变化后在短时间内快速收敛到正确的结果，当$t$=1s 和$t$=2s 时，$k$-WTA 网络模型在新的发展形势下迅速选出了新的具有发展优势的个体。参与者与垄断地位之间的差距如图 7.3（c）所示，最终 O1 和 O2 占据了该领域内的垄断地位。图 7.3（d）则更为详细地展示了 O1、O2、O3 和 O15 在不同维度下的发展状况。以上仿真结果进一步验证了 ME 模型的有效性。

根据以上仿真实例，一名参与者能否成为发展过程中的“赢家”，既取决于其初始发展状态、社交网络结构等自身因素，又取决于所处领域发展与变化态势。在现实社会系统中，如果某位参与者最初具备较为优越的自身条件，那么它确实拥有更大的发展优势。但在后续的发展中，拥有敏锐嗅觉的个体可以通过对发展态势的正确预判实现“弯道超车”，赢得最终的胜利。

该实例表明，本章提出的马太效应模型具有良好的可行性与有效性，可以用于模拟与预测计算社会系统中马太效应的发展。

### 7.4.2 应用场景

事实上，本章提出的马太效应模型拥有广泛的应用场景。在社会系统中，竞争无处不在，由其产生的马太效应也广泛分布。马太效应模型适用于描述大多数一般的马太效应，如意见动力学、竞选活动、投标问题等，即从$n$个参与者中选出$k$个赢家的竞争活动。

以总统选举为例，该竞争活动的垄断地位即表示成功当选。为了获得更多选民的支持，使自身当选的概率最大化，各个参与竞选的政党必须使自己的立场接近中间选民，这就是中间选民定理（选举空间理论）。中间选民定理表明，少数人的意见往往难以被认真对待。因此，中间选民的立场是由对不同社会问题的意见共同构成的，对应于马太效应模型中不断变化的垄断地位。此外，选民的支持程度可以通过政党与中间选民立场之间的差距来衡量。综上所述，本例中的各种元素均得以量化，并与本章所提出的马太效应模型相对应。具体来说，参加选举的政党数记为$n$，可成功当选的候选人数记为$k$，中间选民的立场记为$g$，政党的立场记为$\phi$。因此，本章提出的马太效应模型可以有效地模拟总统选举活动。

此外，对于招标活动而言，垄断地位即表示成功中标，投标人自身的条件（如持有资金、公司规模等），与目标之间的差距越小，即表征着投标人越具有优势。随着新政策的颁布，市场环境发生变化，目标也会随之改变。

值得一提的是，对于一个领域内的垄断地位，其显式表达并不是一定存在的。在某些情况下，它可以表示为具体的现实目标，如狩猎活动中猎物的三维坐标。在更多的情况下，它是隐式的，其状态往往可以被估计。在上述总统选举的例子中，通过对部分民众的抽样完成民意调查，能够大致估计出大多数选民支持的论点，进而推断出中间选民的立场。为了获得最多的选票，所有党派都需要向这一立场靠近。因此，在不同问题上得到大多数选民支持的论点的组合可以被定义为该问题中的隐式目标。值得注意的是，社会系统中出现的紧急情况也会导致垄断地位发生变化。因此，在考虑对计算社会系统中马太效应进行模拟时，垄断地位的变化也是不可忽视的重要问题。

通过对计算社会系统中的马太效应进行建模，可以更加直观地理解马太效应的形成，分析发展态势，更好地利用资源在优良竞争格局中获得成功，及时遏制可能对经济社会产生不利影响的恶意垄断行为。

## 7.5 本 章 小 结

本章基于 $k$-WTA 网络模型构建了一个马太效应模型，用以描述马太效应作用下计算社会系统中个体或组织的演化。该模型的显著优点是其能适用于描述大多数一般的马太效应影响下的社会发展趋势。本章还分析了马太效应模型的特征，证明了其收敛性与稳定性。在理论分析的基础上，通过数值仿真实验验证了马太效应模型在各类社会竞争活动中的可用性与有效性。

# 第 8 章　带时延的马太效应模型

## 8.1 引　　言

随着计算机的出现和互联网的逐步普及，信息日益成为社会各领域发展中具有决定意义的因素之一。信息量、信息传播的速度、信息处理的速度以及应用信息的程度等都以几何级数的方式飞速增长[186-187]。身处信息时代，社会成员可以通过对各类信息的获取和分析，了解当前的社会形势、预测未来发展趋势，从而做出更有利于自身发展的选择，持续高效地发展进步[188]。

在对信息进行获取与收集时，无法避免的一个重要问题是信息具有时效性，其效用依赖于时间并有一定的期限[189-190]。信息中蕴含的价值高低与提供信息的时间密切相关，而其传播速度受到社会生活因素和传播途径的制约[191]。信息传播过程中损耗的时间被称为时间延迟（简称时延），如果时延过大，那么信息将失去时效性，其能够为社会成员提供的帮助也将显著降低[192-193]。对于依赖通信与交互的社会系统而言，时延的存在会大幅影响社会事件的发展趋势。文献[194]中讨论了具有通信时延的无向网络实现一致性的充分必要条件。Liu 等[195]研究了具有恒定时延、时变时延、均匀时延和非均匀时延的动态无向网络的平均一致性问题。基于对通信时延的理论研究，其在多主体系统中的应用也越发广泛。华南理工大学的 Liu 等[196]提出了一种考虑通信时延的固定有向拓扑控制协议，实现了多主体系统的编队跟踪控制。

本章在第 7 章研究内容的基础上做出进一步拓展，致力于研究带有时间延迟的马太效应（time-delayed Matthew effect model，TDME）模型。首先，为模拟在通信中具有时延马太效应的形成过程，考虑采用 $k$-WTA 算法，并为模型中的变量添加时变特性。针对社交网络中的通信时延问题，设计一种新的动态一致性估计器，构建基于分布式通信的时延马太效应模型。与 ME 模型相比，该模型增加了对个体间通信延迟的考量，更加贴近真实社会情境。理论分析验证该模型在模拟社会系统中的马太效应时的收敛性，并推导所允许的社交网络最大时延值，进一步地，所构建的仿真实验也证明 TDME 模型的有效性与优越性。

# 8.2 问题描述与模型设计

本节介绍时延问题对于马太效应形成的影响，将马太效应模型改写为时变系统，并设计带时延的一致性估计器以完成时延马太效应（TDME）模型的构建。

## 8.2.1 问题描述

考虑马太效应模型中马太效应的形成依赖社交网络中的个体交互，引入时延以增强模型与真实社会情境的贴合度。由此，将马太效应模型改写为时变系统。

（1）$k$-WTA：

$$m_i(t)=P_{\Omega i}\left(\varrho(t)+\frac{d_i(t)}{2\theta}\right),\quad i=1,\cdots,n \tag{8.1}$$

$$\dot{\varrho}(t)=-\zeta\left(\sum_{i=1}^{n}m_i(t)-k\right) \tag{8.2}$$

（2）演化规律：

$$\dot{\phi}_i(t)=m_i(t)\left(c\frac{\partial d_i(t)}{\partial \phi_i(t)}-\dot{g}(t)\right) \tag{8.3}$$

$$d_i(t)=\frac{-\|\phi_i(t)-g(t)\|_2^2}{2} \tag{8.4}$$

（3）通信协议：

$$\begin{cases}\varpi_i(t)=-\xi\left[\sum\limits_{j\in N(i)}a_{ij}\left(x_i(t)-x_j(t)\right)+\left(x_i(t)-m_i(t)\right)\right.\\ \qquad\left.+\sum\limits_{j\in N(i)}a_{ij}\left(\sigma_i(t)-\sigma_j(t)\right)\right]\\ \dot{\sigma}_i(t)=\sum\limits_{j\in N(i)}a_{ij}\left(x_i(t)-x_j(t)\right)\end{cases} \tag{8.5}$$

## 8.2.2 模型设计

为了在模型中引入社交网络中的通信时延，在式（8.5）的基础上，设计一种新的带时延的动态一致性估计器，即

$$
\begin{cases}
\dot{x}_i(t) = -\xi\Bigg[\sum\limits_{j\in N(i)} a_{ij}\left(x_i(t-\tau_{ij}) - x_j(t-\tau_{ij})\right) + \left(x_i(t) - m_i(t)\right) \\
\qquad + \sum\limits_{j\in N(i)} a_{ij}\left(\sigma_i(t) - \sigma_j(t)\right)\Bigg] \\
\dot{\sigma}_i(t) = \sum\limits_{j\in N(i)} a_{ij}\left(x_i(t-\tau_{ij}) - x_j(t-\tau_{ij})\right)
\end{cases} \tag{8.6}
$$

式中，$\tau_{ij}$ 是第 $i$ 个社会个体和第 $j$ 个社会个体之间通信时的时延，显然，$\tau_{ij}=\tau_{ji}$。

将式（8.6）与 8.1.1 小节中的时变系统相结合，得到完整的 TDME 模型，即

$$
\begin{cases}
\dot{\boldsymbol{x}}(t) = -\xi\left[\boldsymbol{L}\boldsymbol{x}(t-\tau) + \left(\boldsymbol{x}(t) - \boldsymbol{m}(t)\right) + \boldsymbol{L}\int_{t_0}^{t}\boldsymbol{L}\boldsymbol{x}(t-\tau)\mathrm{d}t\right] \\
\dot{\boldsymbol{\phi}}(t) = P_{\Omega}\left(\varrho(t)\boldsymbol{1}_{\kappa n} + \dfrac{\boldsymbol{d}(t)}{2\theta}\otimes\boldsymbol{1}_{\kappa}\right)\left(c\boldsymbol{\Delta} - \dot{g}(t)\right) \\
\dot{\varrho}(t) = -\zeta\left(\boldsymbol{1}_n^{\mathrm{T}}\boldsymbol{x}(t) - k\right)
\end{cases} \tag{8.7}
$$

式中，$\boldsymbol{\Delta} = [\partial d_1(t)/\partial\phi_1(t),\cdots,\partial d_n(t)/\partial\phi_n(t)]^{\mathrm{T}}$。

## 8.3 理论分析与结果

本节讨论保证 TDME 模型稳定的情况下社交网络所能允许的最大时延，进而对模型的收敛性能进行研究，首先给出如下定理分析。

**定理 8.1** 根据文献[197]，给定一个有 $n$ 个节点的无向连通图来表示社交网络，图的拉普拉斯矩阵是实对称半正定的，其特征值可排序为 $0=\mu_1<\mu_2\leqslant\cdots\leqslant\mu_n$。

**定理 8.2** 假设 $\tau_{\max}=\min_{i>1}\omega_*$、$\vartheta$ 是使社交网络保持稳定的最大时延，那么有 $0\leqslant\tau\leqslant\tau_{\max}$，其中

$$
\omega_* = \left(\frac{2}{\xi^2(\mu_i^2-1)+\xi\left(\xi(1-\mu_i)^2+4\mu_i^4\right)^{1/2}}\right)^{1/2}
$$

$$
\vartheta = \arccos\left(\frac{\omega^2(\mu_i-1)}{\mu_i(\xi\mu_i^2+\omega^2)}\right)
$$

式中，$\mu_i(i=1,2,\cdots,n)$ 表示拉普拉斯矩阵 $\boldsymbol{L}$ 的第 $i$ 个特征值。如果时延 $\tau<\tau_{\max}$，那么本章提出的 TDME 模型是收敛的。随着时间的变化，其收敛程度与 $\exp(-(\boldsymbol{\varepsilon}(t)+\boldsymbol{m}(t))ct)$ 成正比，残差收敛于 0。

**证明** 为了证明 TDME 模型的收敛性，首先需要计算模型所能容忍的时延 $\tau$ 的上界。随后，当时延 $\tau$ 小于上界 $\tau_{\max}$ 时，TDME 模型的收敛性即可得证。

1. 时延上界

在定理 8.2 的证明中，只考虑社会系统中所有的通信过程具有相同时延值的情况，以便更加清楚地展示时延对模型的影响。带时延的一致性估计器式（8.6）的紧凑形式表示为

$$\begin{cases}\dot{\boldsymbol{x}}(t)=-\xi\left[\boldsymbol{x}(t)-\boldsymbol{m}(t)+\boldsymbol{L}(\boldsymbol{x}(t-\tau)+\boldsymbol{\sigma}(t))\right]\\ \dot{\boldsymbol{\sigma}}(t)=\boldsymbol{L}\boldsymbol{x}(t-\tau)\end{cases} \tag{8.8}$$

式（8.8）以多元形式表示为

$$\dot{\gamma}(t)=\begin{bmatrix}-\xi\boldsymbol{I}_{n\times n} & -\xi\boldsymbol{L}\\ \boldsymbol{0} & \boldsymbol{0}\end{bmatrix}\gamma(t)+\begin{bmatrix}\xi\boldsymbol{I}_{n\times n}\\ \boldsymbol{0}\end{bmatrix}\boldsymbol{m}(t)+\begin{bmatrix}-\xi\boldsymbol{L} & \boldsymbol{0}\\ \boldsymbol{L} & \boldsymbol{0}\end{bmatrix}\gamma(t-\tau) \tag{8.9}$$

式中，$\gamma(t)=\begin{bmatrix}\boldsymbol{x}(t)\\ \boldsymbol{\sigma}(t)\end{bmatrix}$。

根据文献[198]，对式（8.9）做拉普拉斯变换，其中 $\gamma(t)$ 的象函数为 $\boldsymbol{\Gamma}(s)$，$\boldsymbol{m}(t)$ 的象函数为 $\boldsymbol{M}(s)$，得到

$$\begin{aligned}s\boldsymbol{\Gamma}(s)-\boldsymbol{\Gamma}(0)=&\begin{bmatrix}-\xi\boldsymbol{I}_{n\times n} & -\xi\boldsymbol{L}\\ \boldsymbol{0} & \boldsymbol{0}\end{bmatrix}\boldsymbol{\Gamma}(s)+\begin{bmatrix}\xi\boldsymbol{I}_{n\times n}\\ \boldsymbol{0}\end{bmatrix}\boldsymbol{M}(s)\\ &+\begin{bmatrix}-\xi\boldsymbol{L} & \boldsymbol{0}\\ \boldsymbol{L} & \boldsymbol{0}\end{bmatrix}\exp(-s\tau)\boldsymbol{\Gamma}(s)\end{aligned} \tag{8.10}$$

因此，$\boldsymbol{\Gamma}(s)$ 可以通过下式计算：

$$\begin{aligned}\boldsymbol{\Gamma}(s)=&\left(s\boldsymbol{I}-\begin{bmatrix}-\xi\boldsymbol{I}_{n\times n} & -\xi\boldsymbol{L}\\ \boldsymbol{0} & \boldsymbol{0}\end{bmatrix}-\begin{bmatrix}-\xi\boldsymbol{L} & \boldsymbol{0}\\ \boldsymbol{L} & \boldsymbol{0}\end{bmatrix}\exp(-s\tau)\right)^{-1}\\ &\cdot\left(\begin{bmatrix}\xi\boldsymbol{I}_{n\times n}\\ \boldsymbol{0}\end{bmatrix}\boldsymbol{M}(s)+\boldsymbol{\Gamma}(0)\right)\end{aligned} \tag{8.11}$$

随后，考虑下式的根：

$$\det\left(s\boldsymbol{I}-\begin{bmatrix}-\xi\boldsymbol{I}_{n\times n} & -\xi\boldsymbol{L}\\ \boldsymbol{0} & \boldsymbol{0}\end{bmatrix}-\begin{bmatrix}-\xi\boldsymbol{L} & \boldsymbol{0}\\ \boldsymbol{L} & \boldsymbol{0}\end{bmatrix}\exp(-s\tau)\right)=0 \tag{8.12}$$

其等价于观察以下方程的根：

$$\det(s(s+\xi)\boldsymbol{I}+\xi\boldsymbol{L}\exp(-s\tau)(s\boldsymbol{I}+\boldsymbol{L}))=0 \tag{8.13}$$

根据文献[194]，对于 $0=\mu_1<\mu_2\leqslant\cdots\leqslant\mu_i\leqslant\cdots\leqslant\mu_n$，$\mu_i$ 是拉普拉斯矩阵 $\boldsymbol{L}$ 按照递增顺序排列的第 $i$ 个特征值。因此，式（8.13）可以被重写为

$$s(s+\xi)\prod_{i=2}^{n}(s(s+\xi)+\xi\mu_i\exp(-s\tau)(s+\mu_i))=0 \tag{8.14}$$

式（8.14）有两个根：$s=-\xi<0$ 和 $s=0$。根据霍普（Hopf）分岔定理[199]，当 $i=2,\cdots,n$ 时，后续证明可以只讨论以下等式的根：

$$s(s+\xi)+\xi\mu_i\exp(-s\tau)(s+\mu_i)=0 \tag{8.15}$$

令 $s=\mathrm{j}\omega$，$\omega>0$ 是等式（8.15）的纯虚根，则等式（8.15）可写为

$$\mathrm{j}\omega(\mathrm{j}\omega+\xi)+\xi\mu_i\exp(-\mathrm{j}\omega\tau)(\mathrm{j}\omega+\mu_i)=0 \tag{8.16}$$

由于 $\mathrm{j}^2=-1$，计算上式的模，得到

$$\omega^4+\xi^2(\omega^2-\mu_i^2\omega^2-\mu_i^4)=0 \tag{8.17}$$

式（8.17）的两个实根分别为

$$\begin{cases}\omega_1=\left[\dfrac{(\xi^2(\mu_i^2-1)+\xi(\xi(1-\mu_i)^2+4\mu_i^4)^{1/2})}{2}\right]^{1/2}\\[2ex] \omega_2=-\left[\dfrac{(\xi^2(\mu_i^2-1)+\xi(\xi(1-\mu_i)^2+4\mu_i^4)^{1/2})}{2}\right]^{1/2}\end{cases} \tag{8.18}$$

由于假设 $\omega>0$，根 $\omega_2$ 被舍弃。根据欧拉定理，有 $\exp(-\mathrm{j}\omega\tau)$ 等价于 $\cos(\omega\tau)-\mathrm{j}\sin(\omega\tau)$。将其代入式（8.16），得

$$\begin{aligned}&-\omega^2+\xi\mu_i^2\cos(\omega\tau)+\xi\mu_i\omega\sin(\omega\tau)\\&+\mathrm{j}(\omega\xi-\xi\mu_i^2\sin(\omega\tau)+\xi\mu_i\omega\cos(\omega\tau))=0\end{aligned} \tag{8.19}$$

令实部和虚部均为 0，上式等价于

$$\begin{cases}-\omega^2+\xi\mu_i^2\cos(\omega\tau)+\xi\mu_i\omega\sin(\omega\tau)=0\\ \omega\xi-\xi\mu_i^2\sin(\omega\tau)+\xi\mu_i\omega\cos(\omega\tau)=0\end{cases} \tag{8.20}$$

整理式（8.20），得到 $\omega\tau$ 的表达式，即

$$\omega\tau=\arccos\left[\frac{\omega^2(\mu_i-1)}{\mu_i(\omega^2+\xi\mu_i^2)}\right]+2u\pi \tag{8.21}$$

式中，$u=0,1,\cdots,n$。联立式（8.18）和式（8.21），计算临界时延 $\tau_*$：

$$\tau_*=\omega_*(\vartheta+2u\pi),\ u=0,1,\cdots,n \tag{8.22}$$

式中

$$\omega_*=\left[\frac{2}{\xi^2(\mu_i^2-1)}+\xi(\xi(1-\mu_i)^2+4\mu_i^4)^{1/2}\right]^{1/2}$$

$$\vartheta=\arccos\left[\frac{\omega^2(\mu_i-1)}{\mu_i(\omega^2+\xi\mu_i^2)}\right]$$

因此，能够保证模型稳定的时延上界 $\tau_{\max}$ 等于最小临界时延 $\tau_*$：

$$\tau_{\max}=\min_{i>1}\tau_*=\min_{i>1}\omega_*\vartheta \tag{8.23}$$

2. 收敛性

当社交网络中的时延$\tau$小于上界$\tau_{\max}$时，TDME 模型的收敛性能够得证。由于 TDME 模型使用了带时延的一致性估计器式（8.8），$k$-WTA 网络模型式（8.2）的输出$\boldsymbol{m}(t)$也将随之发生变化。定义$\hat{\boldsymbol{m}}(t)$表示$k$-WTA 网络模型的输出，式（8.3）可被重写为

$$\dot{\boldsymbol{\phi}}(t)=-\hat{\boldsymbol{m}}(t)\big(c\big(\boldsymbol{s}(t)-g(t)\big)+\dot{g}(t)\big) \tag{8.24}$$

定义使用带时延的一致性估计器式（8.8）所产生的误差为

$$\boldsymbol{\varepsilon}(t)=\hat{\boldsymbol{m}}(t)-\boldsymbol{m}(t) \tag{8.25}$$

将$\hat{\boldsymbol{m}}(t)$替换为$\boldsymbol{\varepsilon}(t)+\boldsymbol{m}(t)$，则式（8.24）可转换为

$$\dot{\boldsymbol{\phi}}(t)=-(\boldsymbol{\varepsilon}(t)+\boldsymbol{m}(t))\big(c\big(\boldsymbol{\phi}(t)-g(t)\big)+\dot{g}(t)\big) \tag{8.26}$$

定义$\boldsymbol{h}(t)=\boldsymbol{\phi}(t)-g(t)$，将式（8.26）整理为一阶非齐次线性微分方程：

$$\underbrace{\dot{\boldsymbol{h}}(t)}_{\dot{P}}+\underbrace{c(\boldsymbol{\varepsilon}(t)+\boldsymbol{m}(t))}_{\delta}\underbrace{\boldsymbol{h}(t)}_{P}=\underbrace{-(\boldsymbol{1}+\boldsymbol{m}(t)+\boldsymbol{\varepsilon}(t))\dot{g}(t)}_{Q} \tag{8.27}$$

上述方程的通解为

$$\begin{aligned}\dot{\boldsymbol{h}}(t)=&\boldsymbol{h}(t_0)\exp(-(\boldsymbol{\varepsilon}(t)+\boldsymbol{m}(t))ct)+\exp(-(\boldsymbol{\varepsilon}(t)+\boldsymbol{m}(t))ct)\\&+\int(-\boldsymbol{1}-\boldsymbol{m}(t)-\boldsymbol{\varepsilon}(t))\dot{g}(t)\exp((\boldsymbol{\varepsilon}(t)+\boldsymbol{m}(t))ct)\mathrm{d}t\end{aligned} \tag{8.28}$$

显然，式（8.24）的解是指数收敛的，其收敛速度取决于$Q$。此外，式（8.24）产生的稳态误差也是有界的，随着$c$的增加逐渐减小至 0。

至此，TDME 模型的收敛性得证。

## 8.4 数值仿真实例

为了验证 TDME 模型的有效性，本节设计数值仿真实验以模拟马太效应作用下社会系统的发展趋势，从而分析与验证马太效应在社会竞争中的效用，以展示时延对事件发展态势的影响。

马太效应存在于社会生活的方方面面，并对社会事件的发展产生重要的影响。在社会竞争中，马太效应表现为部分参与者通过自身前期占有的发展优势或对社会趋势的精准把控实现飞速发展，最终占据所处领域的垄断地位。特别地，在 TDME 模型中，引入时延这一概念，用来补充描述社会竞争的参与者获取信息方面的滞后问题。由于社交网络中时延的影响，社会个体无法完全准确地明晰当前社会态势，而是通过对过去形势的发展与调整进行推断和预测，因此，当社会态势发生剧变时，更有可能产生新的竞争赢家。为了对这个过程进行仿真与模拟，

TDME 模型的相关参数设置如下：参与社会竞争的个体数$n=15$，在当前社会情境下最具优势的个体数$k=2$，社会个体获取信息的时延值$\tau=0.5\text{s}$，$\theta=0.1$，$c=1$，$\zeta=500$，$\xi=500$，执行时间$T=10\text{s}$。当某一个体或组织与垄断地位的差距小于0.01 时，认为该参与者已基本占据该领域内的垄断地位。随着时间的推移，社会形势也不断发生变化。

在本例中，首先在社会系统中设置一个垄断地位，随后设置 15 名竞争参与者（O1, O2,⋯,O15）随机分布于该系统内。15 名社会个体间的社交网络采用 BA 无标度网络模型生成，具有 0.5s 的通信时延，其网络拓扑图如图 8.1 所示。

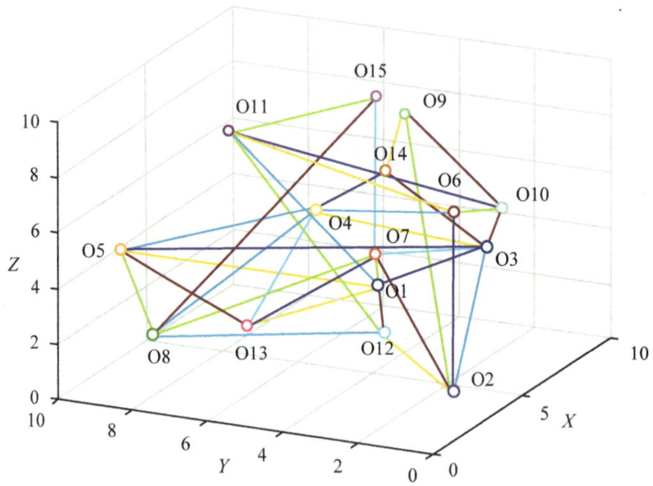


图 8.1　使用 BA 无标度网络模型生成的社交网络拓扑图

图 8.2 展示了马太效应作用下社会竞争的全过程，以及该过程中各类数值的变化。其中，图 8.2（a）展示了当前领域兴起时垄断地位以及各参与者的发展状况，分别用叉号与圆圈来表示。此时，垄断地位的位置在（1.0,7.5,7.4）左右，最具发展优势的两名参与者为 O4 与 O5，如图 8.2（b）所示，二者向着垄断地位快速发展靠近。特别地，通过观察图 8.2（b）可以发现，所有社会个体在初期都经历了一段时间的发展，积累了一定的优势。这是由于在行业兴起之初，未来发展方向尚不明朗，各参与者之间的信息交互也具有一定的时间延迟。社会系统中的个体还未能通过准确的信息占据最优发展地位、挤压他人发展空间，从而抑制其余参与者的发展。因此，每个个体都经历了一段时间的快速发展。随着发展形势逐渐明朗，马太效应的作用使得最具优势的个体占据了大部分甚至全部的发展资源，其余个体的发展则开始停滞不前。进一步地，随着时间的推移，由于社会形势不断发生变化，原先具有发展优势的个体 O5 逐渐失去自身优势，发展逐渐

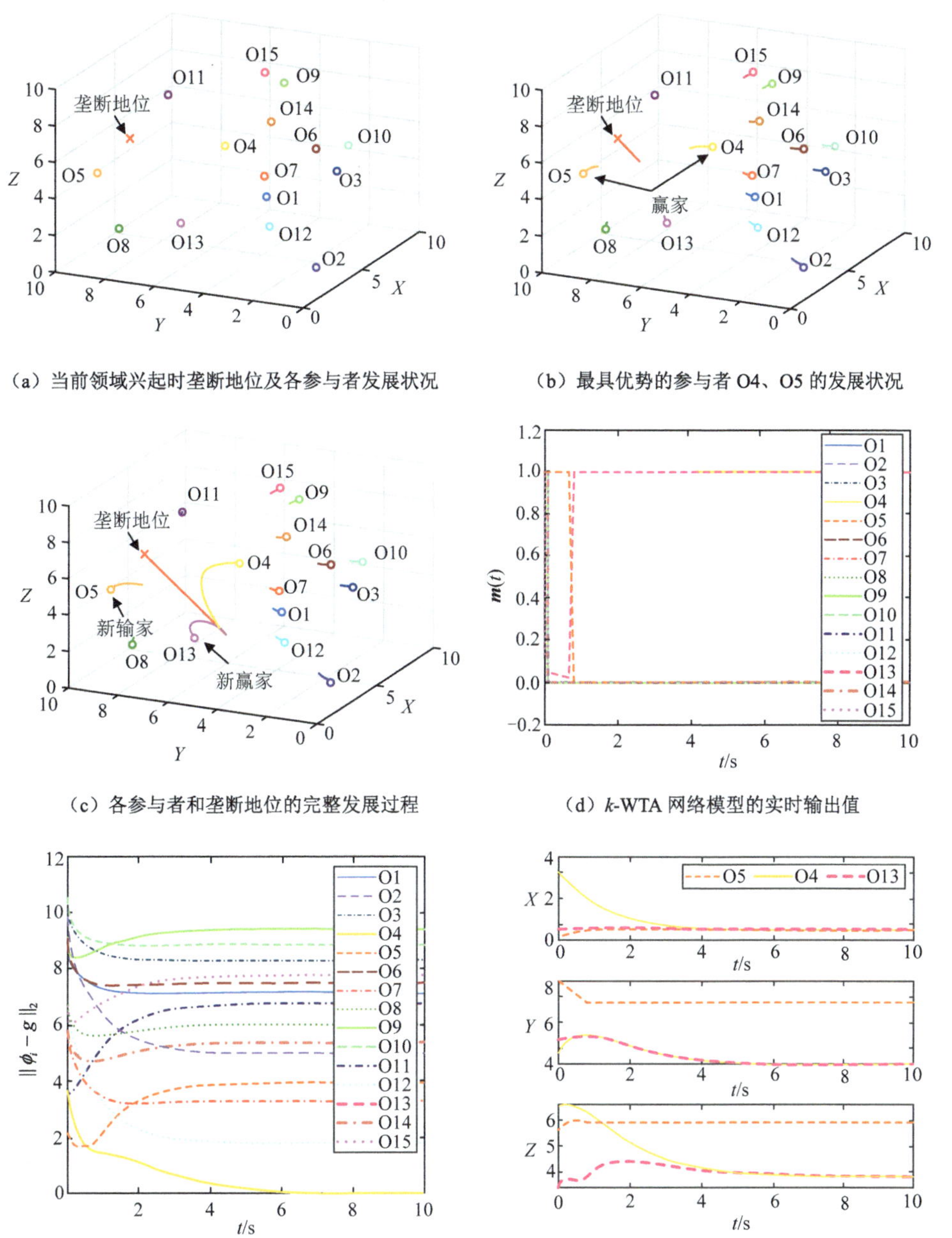


（a）当前领域兴起时垄断地位及各参与者发展状况

（b）最具优势的参与者 O4、O5 的发展状况

（c）各参与者和垄断地位的完整发展过程

（d）$k$-WTA 网络模型的实时输出值

（e）各参与者与垄断地位之间的实时差距

（f）参与者在不同维度下的发展状况

图 8.2　马太效应作用下社会竞争的全过程及该过程中各类数值的变化

停滞，个体 O13 成为新的社会情境下最具发展优势的参与者之一，代替 O5 开始迅速发展，相关过程被展示在图 8.2（c）中。

以上过程中 TDME 模型的各类输出展示在图 8.2（d）～（f）中，其中图 8.2

（d）是$k$-WTA 网络模型的实时输出，图 8.2（e）是各参与者与垄断地位之间的实时差距，图 8.2（f）是 O4、O5 和 O13 分别在 $X$、$Y$ 和 $Z$ 三个维度下的发展状况。由图 8.2（d）可知，TDME 模型在社会形势发生变化之后能够在短时间内确定当前社会情境下具有发展优势的个体。当 $t = 0.35$s 时，O13 取代 O5 成为“赢家”，迅速发展。通过图 8.2（e）和（f）可以更加清晰地观察到各社会个体的发展状况。

图 8.2 表明，社会个体的发展状态取决于当前接收到的信息，而这些信息在传输过程中有些不可避免的延迟。因此，即使并不是当前最顺应社会形势的个体，某些个体依旧会因为某些因素（如最新政策尚未传达、为竞争参与者提供支持的社会中的其余个体由于时延尚未更改决策等）得到良好的发展机遇从而迅速发展。以上仿真结果总体轨迹是平滑的，由于时延，曲线略有波动。上述结果初步验证了 TDME 模型的有效性。

## 8.5 本章小结

在马太效应模型的基础上，本章进一步设计了带时延的一致性估计器，从而构造了 TDME 模型，用以描述具有时延社会系统中的马太效应。与马太效应模型相比，TDME 模型考虑了社交网络的通信时延，更加贴近真实的社会情境。本章从理论上计算了 TDME 模型所能允许的最大时延，进而验证了其收敛性。此外，通过数值仿真实验，该模型的有效性与优越性得到了充分的验证。

# 第 9 章　变换社交网络下的马太效应模型

## 9.1　引　　言

社会系统是一个复杂的动态系统，这种动态性质使其一直处于不断的变化之中，从而形成社会的演进与变革。在这个过程中，构成社会系统内意见动力个体间交互的社交网络也会随之不断发生改变[200-201]。在复杂社会系统中，存在各类因素的干扰可能导致社交网络拓扑结构发生变化，如搬迁所致通信范围的改变、新结识个体所带来的新交际圈、互联网等通信方式的故障等。通信拓扑的变化对于依赖通信的系统而言有着显而易见的影响[202]。近年来，诸多研究学者针对通信拓扑的切换对模型精度产生的影响进行了一系列研究[203]，并提出了各类控制方法以降低拓扑切换引起的系统波动[204-205]。具体而言，文献[204]研究了受联合连通切换网络约束的奇异多主体系统的协同输出调节问题；文献[205]提出了一种切换有向网络下的协同容错控制方法，解决了间歇通信中的可靠性协调问题。基于此，当个体间的通信状况发生变化时，为了确保马太效应模型的效率与准确性，需要研究如何补偿社交网络的拓扑切换所引起的系统波动[206]，从而保证系统的稳定性。

本章的研究内容作为第 8 章研究内容的深化，侧重于研究变换的社交网络为模型带来的影响。为了消除这种影响，使马太效应模型保持稳定，本章设计一种新的带有补偿项的一致性估计器，进而构建其变换社交网络下的马太效应（switching social networks matthew effect，SSNME）模型。考虑实时变换的社交网络，理论分析验证 SSNME 模型在这种情况下的稳定性与收敛性，并构建相关仿真实验进一步证明 SSNME 模型的有效性。

## 9.2　问题描述与模型设计

本节探讨社交网络的时变特性，并为其发生变换造成的系统波动设计补偿项，完成 SSNME 模型的构建。

### 9.2.1　问题描述

本章的研究问题概述如下：以变换的联合连通图为社交网络的通信拓扑，以分布式通信方式有效地模拟社会系统中的马太效应。具体而言，在社会系统演进的整个时间段内，在至少有一个通信拓扑保持足够长时间的前提下，$n$个社会个体以占据其领域内的垄断地位为目标持续发展。其中，当前社会情境下具备发展优势的$k$个社会个体具有累积优势，能够在短时间内快速发展壮大。最终，$k$个社会个体占据该领域的垄断地位，其余的$n-k$个社会个体只能占有少数的社会资源，发展缓慢甚至停滞。

### 9.2.2 模型设计

下面给出联合连通图的定义：假设有$n$个具有相同的顶点集$V$的通信拓扑图$G_1, G_2, \cdots, G_n$，将它们的并集记为$G_m$。$G_m$的顶点集与$G_1, G_2, \cdots, G_n$相同，边集$E$是$G_1, G_2, \cdots, G_n$边集的并集。如果联合图$G_m$是连通图，那么称$G_1, G_2, \cdots, G_n$为联合连通的。

如图 9.1 所示，$G_4$为$G_1$、$G_2$和$G_3$的联合图。由于$G_4$为连通图，因此图$G_1$、$G_2$和$G_3$是联合连通的。当社交网络在一段时间内依次切换$G_1$、$G_2$和$G_3$时，即便任意单一拓扑并非连通图，但是通过社交网络的不断切换，其中的个体也可以获取任意其他个体的相关信息。

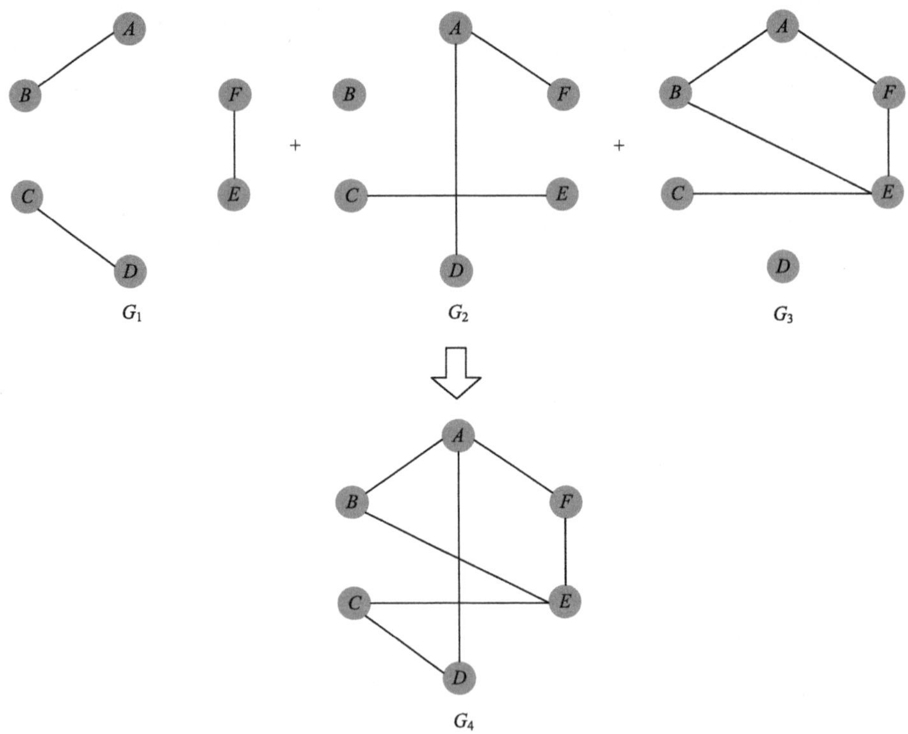


图 9.1 联合连通示例

基于上述讨论，本章提出一种变换的社交网络，用$n$个无向图$G_1, G_2, \cdots, G_n$表示其不同时间段内的通信拓扑，连通方式为联合连通。社交网络中个体间的交互情况由邻接矩阵$\boldsymbol{A}$表示，对应的拉普拉斯矩阵为$\boldsymbol{L}=\operatorname{diag}(\boldsymbol{AI})-\boldsymbol{A}$。特别地，社交网络所切换的所有拓扑均为平衡图。

本章沿用 8.1.1 小节中的时变系统，考虑如下时变一致性估计器：

$$\begin{cases}\dot{x}_i(t)=-\sum\limits_{j\in \boldsymbol{N}(i)} a_{ij}\left(x_i(t)-x_j(t)\right)-\xi\left(x_i(t)-m_i(t)\right)-\sum\limits_{j\in \boldsymbol{N}(i)} a_{ij}\left(\sigma_i(t)-\sigma_j(t)\right)\\ \dot{\sigma}_i(t)=\sum\limits_{j\in \boldsymbol{N}(i)} a_{ij}\left(x_i(t)-x_j(t)\right)\end{cases} \tag{9.1}$$

随后，在式（9.1）的基础上，考虑社交网络的动态特性，为了补偿通信拓扑切换前后拉普拉斯矩阵$\boldsymbol{L}$的变化所引起的系统波动，使用切换时刻的系统状态与切换时间前后拉普拉斯矩阵$\boldsymbol{L}$之差的乘积来补偿通信网络切换造成的影响，具体表示为

$$\sum_{\eta=1}^{\varsigma}\sum_{j=1}^{n}\Delta a_{ij}\left(T(\eta)\right)[x_i\left(T(\eta)\right)-x_j\left(T(\eta)\right)]$$

改进后的一致性估计器整理如下：

$$\dot{\boldsymbol{x}}(t)=-\xi \boldsymbol{L}\boldsymbol{x}(t)-\xi(\boldsymbol{x}(t)-\boldsymbol{m}(t))-\xi \boldsymbol{L}^{\mathrm{T}}\int_0^t \boldsymbol{L}\boldsymbol{x}(t)\mathrm{d}t+\sum_{\eta=1}^{\varsigma}\Delta \boldsymbol{L}\left(T(\eta)\right)\boldsymbol{x}\left(T_{\mathrm{s}}(\eta)\right) \tag{9.2}$$

式中，$T(\eta)$表示社交网络发生第$\eta$次变换的时刻；$\varsigma$表示变换次数的索引集；$\Delta L\left(T(\eta)\right)$表示拉普拉斯矩阵$\boldsymbol{L}$在$T(\eta)$时刻前后的差值。当社交网络没有发生变化时，添加的补偿项始终保持为 0。每当社交网络发生变换之后，系统都需要在新的状态下重新收敛到正确的解。因此，在马太效应作用下社会系统演进的整个时间段内，必须至少有一个通信拓扑保持足够长的时间，以确保一致性估计器式（9.2）的收敛性。

由此，可得到 SSNME，即

$$\begin{cases}\dot{\boldsymbol{x}}(t)=-\xi \boldsymbol{L}\boldsymbol{x}(t)-\xi(\boldsymbol{x}(t)-\boldsymbol{m}(t))-\xi \boldsymbol{L}^{\mathrm{T}}\int_0^t \boldsymbol{L}\boldsymbol{x}(t)\mathrm{d}t+\sum\limits_{\eta=1}^{\varsigma}\Delta \boldsymbol{L}\left(T(\eta)\right)\boldsymbol{x}\left(T_{\mathrm{s}}(\eta)\right)\\ \dot{\boldsymbol{\phi}}(t)=P_{\Omega}\left(\varrho(t)\boldsymbol{1}_{\kappa n}+\dfrac{\boldsymbol{d}(t)}{2\theta}\otimes \boldsymbol{1}_{\kappa}\right)\left(c\varDelta-g(t)\right)\\ \dot{\varrho}(t)=-\zeta\left(\boldsymbol{1}_n^{\mathrm{T}}\boldsymbol{x}(t)-k\right)\end{cases} \tag{9.3}$$

## 9.3　理论分析与结果

为研究本章所提出的 SSNME 模型的稳定性与收敛性，给出如下两个定理及相关证明。

**定理 9.1** 在一组变换的无向拓扑的平衡图上运行一致性估计器式（9.2），假设存在一组一致有界、不重叠、无穷严格递增的非零时间区间序列，那么 $\boldsymbol{x}(t)$ 收敛到 $\boldsymbol{1}/n(\boldsymbol{m}(t)\boldsymbol{1}^{\mathrm{T}})$。

**证明** 使用狄拉克 $\delta$ 函数 $\omega(t-T(\eta))$ 描述拉普拉斯函数对时间的导数，即

$$\dot{\boldsymbol{L}}(t)=\Delta\boldsymbol{L}(t)\sum_{\eta=1}^{\infty}\omega(t-T(\eta)) \tag{9.4}$$

因此，一致性估计器式（9.2）中的补偿项可以简化为

$$\sum_{\eta=1}^{\varsigma}\Delta\boldsymbol{L}(T(\eta))\boldsymbol{x}(T(\eta))=\int_0^t\dot{\boldsymbol{L}}\boldsymbol{x}(\iota)\mathrm{d}\iota=\boldsymbol{L}\boldsymbol{x}(t)-\boldsymbol{L}(0)\boldsymbol{x}(0)-\int_0^t\boldsymbol{L}\dot{\boldsymbol{x}}(\iota)\mathrm{d}\iota \tag{9.5}$$

式中，$\boldsymbol{L}(0)$ 和 $\boldsymbol{x}(0)$ 分别表示初始时刻的拉普拉斯矩阵和状态值。根据式（9.5），式（9.2）可被重写为

$$\dot{\boldsymbol{x}}(t)=-\xi(\boldsymbol{x}(t)-\boldsymbol{m}(t))-\boldsymbol{L}^{\mathrm{T}}\int_0^t\boldsymbol{L}\boldsymbol{x}(\iota)\mathrm{d}\iota-\boldsymbol{L}(0)\boldsymbol{x}(0)-\int_0^t\boldsymbol{L}\dot{\boldsymbol{x}}(\iota)\mathrm{d}\iota \tag{9.6}$$

随后，定义一个辅助变量

$$\boldsymbol{\varphi}(t)=\boldsymbol{x}(t)+(\boldsymbol{L}+\vartheta\boldsymbol{I})\int_0^t\boldsymbol{x}(\iota)\mathrm{d}\iota \tag{9.7}$$

其时间导数为

$$\begin{aligned}\dot{\boldsymbol{\varphi}}(t)&=\dot{\boldsymbol{x}}(t)+\boldsymbol{x}(t)(\boldsymbol{L}+\xi\boldsymbol{I})\\&=\xi\boldsymbol{m}(t)-\boldsymbol{L}^{\mathrm{T}}\int_0^t\boldsymbol{L}\boldsymbol{x}(\iota)\mathrm{d}\iota-\boldsymbol{L}(0)\boldsymbol{x}(0)\end{aligned} \tag{9.8}$$

继续对时间求导，得

$$\ddot{\boldsymbol{\varphi}}(t)=\xi\dot{\boldsymbol{m}}(t)+\boldsymbol{L}^{\mathrm{T}}(\dot{\boldsymbol{x}}(t)+\boldsymbol{m}(t)\boldsymbol{1}_n)-\boldsymbol{L}^{\mathrm{T}}\dot{\boldsymbol{\varphi}}(t) \tag{9.9}$$

显然，$\ddot{\boldsymbol{\varphi}}(t)$ 是一阶线性微分方程，因此 $\dot{\boldsymbol{\varphi}}$ 是指数收敛的。将等式左右两侧同乘 $\boldsymbol{1}^{\mathrm{T}}$ 可得

$$\boldsymbol{1}_n^{\mathrm{T}}\dot{\boldsymbol{\varphi}}(t)=\xi\boldsymbol{1}_n^{\mathrm{T}}\boldsymbol{m}(t) \tag{9.10}$$

假设通信拓扑在一组一致有界、不重叠、无穷严格递增的非零时间区间序列联合连接，可以得到 $\lim\limits_{t\to\infty}\dot{\boldsymbol{\varphi}}(t)=\boldsymbol{1}_n/n(\xi\boldsymbol{1}_n^{\mathrm{T}}\boldsymbol{m}(t))$。根据式（9.8）可知 $\dot{\boldsymbol{x}}(t)=\dot{\boldsymbol{\varphi}}(t)-\boldsymbol{x}(t)(\boldsymbol{L}+\xi\boldsymbol{I})$，那么 $x(t)$ 的有界输出值稳定为 $\boldsymbol{1}/n(\boldsymbol{m}(t)\boldsymbol{1}^{\mathrm{T}})$。证明完毕。

**定理 9.2** 当且仅当 $g(t)$ 的取值范围是有界的，式（9.5）可以被视作一个有界输入——有界输出系统。

**证明** 证明方式与定理 8.2 中 TDME 系统收敛性的证明方式一致，故此处不赘述。

## 9.4　数值仿真实例

本节构建数值仿真实例以验证所提 SSNME 模型的有效性，展示变换的社交网络下如何对马太效应模型进行仿真模拟的过程。

与前两章所构建的仿真实验类似，这里影响社会形势的因素也分为三个维度，即 $k=3$，具体在仿真结果中表现为 $X$、$Y$ 和 $Z$ 三个坐标轴。特别地，由于 SSNME 模型考虑了社交网络的动态特性，本例中的社交网络采用的四个不同的通信拓扑随着社会系统的演进按照顺序切换，每个拓扑维持 2s，相关网络拓扑在图 9.2 中得以展示。

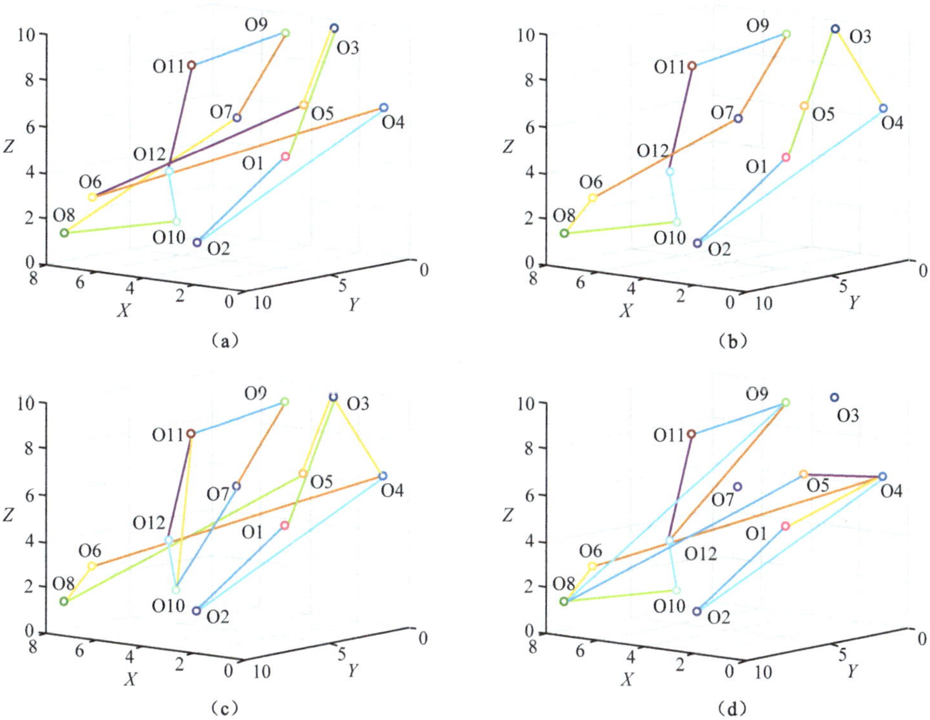


图 9.2　随时间切换的四个社交网络，网络节点数 $n$=12

SSNME 模型的相关参数设置如下：领域内的社会个体总数 $n=12$，具有发展优势的个体数目 $k=2$，$\theta=0.01$，$c=1$，$\zeta=5$，$\xi=10^5$，执行时间 $T=8\text{s}$。当某一个体或组织与垄断地位的差距小于 0.01 时，认为该参与者已基本占据该领域内的垄断地位。随着时间的推移，社会形势不断发生变化。如图 9.3 所示，12 名社会竞争的参与个体（O1,O2,…,O12）被随机分配了不同的资源及侧重方向，并分布在社会系统的不同层次与位置上。

图 9.3（a）是图 9.2 的二维平面表示图，随着时间的推移，由 12 名参与者组成的四个社交网络按照顺序依次切换。图 9.3（b）～（d）展示了马太效应作用下社会个体的发展轨迹，图 9.3（e）、（f）展示了这个过程中的各类数值变化。在图 9.3（e）中，$k$-WTA 网络模型的输出能够在短时间内迅速收敛到正确的值。在每个收敛正确的时间点上，最具发展优势的两个个体对应的输出为 1，其余个体对应的输出为 0。从图 9.3 中可以看出，$k$-WTA 网络模型的输出在 $t=0.35$s 时发生了变化，这意味着具有发展优势的个体发生了变动。图 9.3（f）显示了个体与垄断地位之间的差距。观察图 9.3（b），叉号表示不断变化的垄断地位，位于(7.7,7.8,0.3)，圆圈则标记着 12 名参与者的位置。由该图可知，此时最具发展优势的两个个体分别为 O6 和 O8（称作“赢家”）。图 9.3（c）展示了当 $t=0.29$s 时社会系统的发展状况。此时，O6 和 O8 向着垄断地位不断靠近。随后，由于社会情境发生变化，当 $t=0.35$s 时，O2（称作“新赢家”）成为更加适应当前社会情境的个体，取代了 O8（称作“新输家”）的优势地位，与 O6 一同向着成功持续发展，而 O8 的发展则停滞下来。最终，如图 9.3（d）所示，当 $t=6$s 时，O2 和 O8 成功占据了该领域的垄断地位。

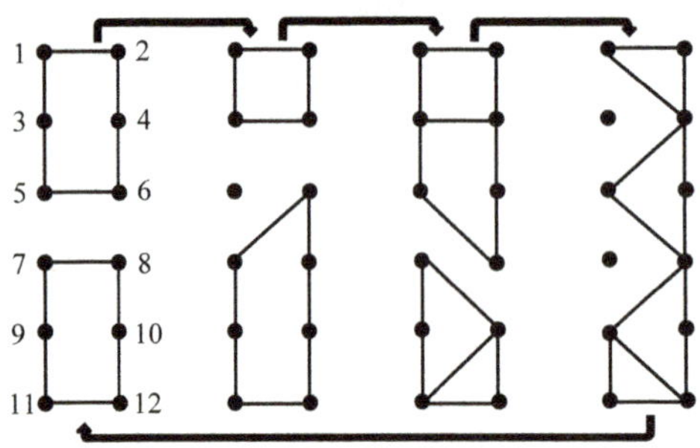


（a）社交网络的拓扑表示

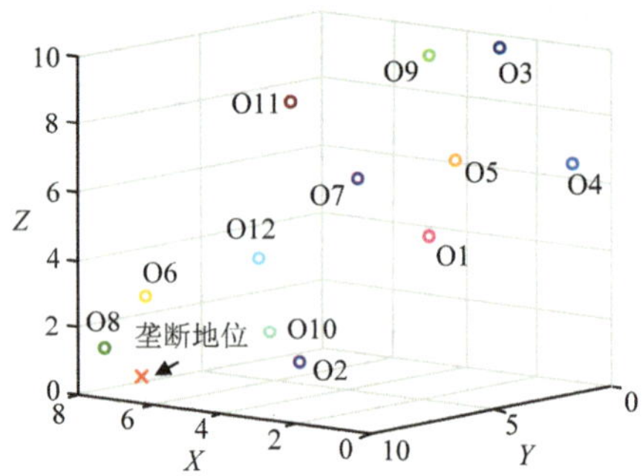


（b）$t$=0s 时的发展过程

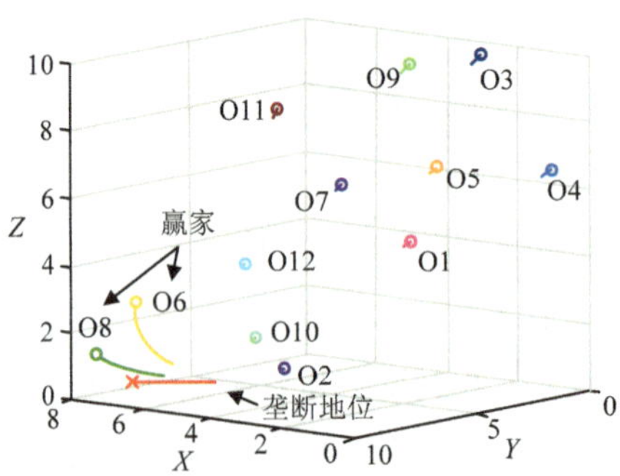


（c）$t$=0.29s 时的发展过程

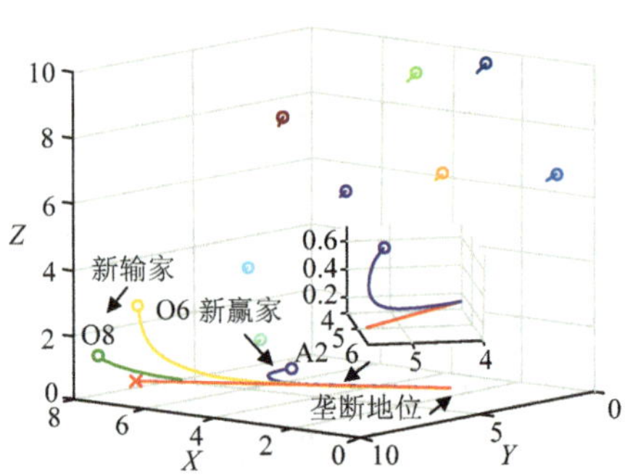


（d）各参与者和垄断地位的完整发展过程

图 9.3　马太效应作用下各参与者的发展过程及各类数值变化（参与者的初始发展状况和垄断地位随机生成）

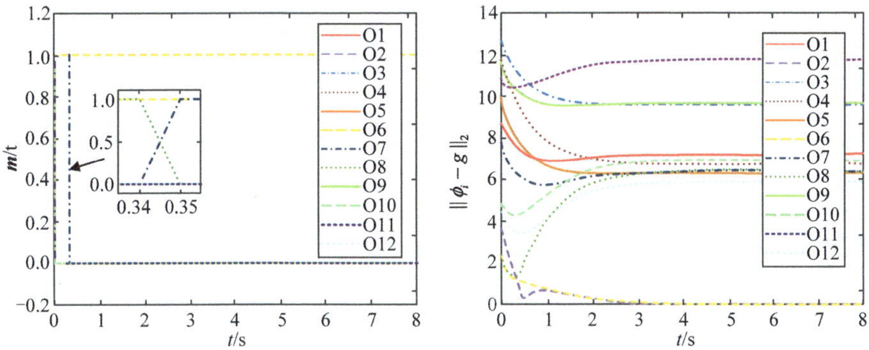


（e）*k*-WTA 网络模型输出　　（f）参与者与垄断地位之间的差距

图 9.3（续）

以上仿真结果的总体轨迹是平滑的，波动微小，验证了本章所提的 SSNME 模型的稳定性。此外，数值仿真的成功有效验证了模型的可行性。相对马太效应模型与 TDME 模型而言，SSNME 模型对于真实社会情景的模拟更进一步，也更加贴合真实社会系统中的社交网络。例如，在商业竞争中，马太效应的一种表现是“寡头垄断”，即少数规模大、实力高的公司控制了大部分的市场份额。竞争中的企业对于社会形势的了解程度、企业自身理解、企业彼此之间的合作与沟通等情况存在一定的差异，这些实时变化的情况可视作与 SSNME 模型中变换的社交网络相对应。

## 9.5　本 章 小 结

本章研究了变换的社交网络下的马太效应，基于马太效应模型构建了 SSNME 模型，并对其稳定性与收敛性完成了理论分析。SSNME 模型采用了带有补偿项的一致性估计器，能够在社交网络发生变化时保证系统的稳定性。本章设计了相应的数值仿真实验，验证了所提模型的实时性和有效性，为马太效应模型提供了更广阔的应用前景。

# 参考文献


[1] 罗伯特·阿克塞尔罗德. 合作的复杂性：基于参与者竞争与合作的模型[M]. 上海：上海人民出版社，2008.

[2] 傅金京，李玲娟. 基于用户特征和评分的精准推荐策略研究[J]. 南京邮电大学学报（自然科学版），2021（1）：1-8.

[3] 翟敬梅，李连中，郭培森，等. 多机器人智能协同作业 M2M2A 系统设计与实验研究[J]. 机器人，2017（4）：415-422.

[4] 张毅，方国伟，杨秀霞，等. 基于事件触发的多机编队目标跟踪控制[J]. 北京航空航天大学学报，2020：1-18.

[5] Martín-Herrán G, Sigué S P. Offensive and defensive marketing in spatial competition[J]. Journal of Service Research, 2019, 22(2): 189-201.

[6] Cocchi L, Zalesky A, Fornito A, et al. Dynamic cooperation and competition between brain systems during cognitive control[J]. Trends in Cognitive Sciences, 2013, 17(10): 493-501.

[7] Fornito A, Harrison B J, Zaleskky A, et al. Competitive and cooperative dynamics of large-scale brain functional networks supporting recollection[J]. Proceedings of the National Academy of Sciences, 2012, 109(31): 12788-12793.

[8] 金龙. Z 类递归神经网络及积分增强模型与机械臂运动控制应用研究[D]. 广州：中山大学，2016.

[9] 陈清江，张雪. 基于并联卷积神经网络的图像去雾[J]. 自动化学报，2021，47（7）：1739-1748.

[10] 王婧，柏建军，薛安克. 一种基于无源性理论的模糊 Hopfield 神经网络学习律设计方法[J]. 控制理论与应用，2020，37（2）：405-410.

[11] Jin L, Li S, La H M, et al. Manipulability optimization of redundant manipulators using dynamic neural networks[J]. IEEE Transactions on Industrial Electronics, 2017, 64(6): 4710-4720.

[12] Katsikis V N, Mourtas S D, Stanimirovic P S, et al. Solving complex-valued time-varying linear matrix equations via QR decomposition with applications to robotic motion tracking and on angle-of-arrival localization[J]. IEEE Transactions on Neural Networks and Learning Systems, 2021, 33(8):3415-3424.

[13] Jin L, Yan J K, Du X J, et al. RNN for solving time-variant generalized Sylvester equation with applications to robots and acoustic source localization[J]. IEEE Transactions on Industrial Informatics, 2020, 16(10): 6359-6369.

[14] Kwon T M, Zervakis M. KWTA networks and their applications[J]. Multidimensional Syst. Signal Process, 1995, 6(4): 333-346.

[15] Yu Z F, Guo S Q, Deng F Y, et al. Emergent inference of hidden Markov models in spiking neural networks through winner-take-all[J]. IEEE Transactions on Cybernetics, 2020, 50(3): 1347-1354.

[16] Cherry K M, Qian L L. Scaling up molecular pattern recognition with DNA-based winner-take-all neural networks[J]. Nature, 2018, 559(7714): 370-376.

[17] Hernández-García E, López C, Pigolotti S, et al. Species competition: coexistence, exclusion and clustering[J]. Philosophical Transactions of the Royal Society A: Mathematical, Physical and Engineering Sciences, 2009, 367(1901): 3183-3195.

[18] Tymoshchuk P V, Wunsch D C. Design of a k-winners-take-all model with a binary spike train[J]. IEEE Transactions on Cybernetics, 2018, 49(8): 3131-3140.

[19] Wang X J. Decision making in recurrent neuronal circuits[J]. Neuron, 2008, 60(2): 215-234.

[20] Xu Z B, Jin H D, Leung K S, et al. An automata network for performing combinatorial optimization[J]. Neurocomputing, 2002, 47(14): 59-83.

[21] Tien P L. A new discrete-time multi-constrained k-winner-take-all recurrent network and its application to prioritized scheduling[J]. IEEE Transactions on Neural Networks and Learning Systems, 2017, 28(11): 2674-2685.

[22] Zhao X Y, Zong Q, Tian B L, et al. Finite-time dynamic allocation and control in multiagent coordination for target stracking[J]. IEEE Transactions on Cybernetics, 2020, 52(3): 1872-1880.

[23] Feng R B, Leung C S, Sum J, et al. Properties and performance of imperfect dual neural network-based kWTA networks[J]. IEEE Transactions on Neural Networks and Learning Systems, 2015, 26(9): 2188-2193.

[24] Wang J. Analysis and design of a *k*-winners-take-all model with a single state variable and the Heaviside step activation function[J]. IEEE Transactions on Neural Networks, 2010, 21(9): 1496-1506.

[25] Feng R B, Leung C S, SUM J. Robustness analysis on dual neural network-based kWTA with input noise[J]. IEEE Transactions on Neural Networks and Learning Systems, 2018, 29(40): 1082-1094.

[26] Yi Z, Heng P A, Fung P F. Winner-take-all discrete recurrent neural networks[J]. IEEE Transactions on Circuits and Systems, 2000, 47(12): 1584-1589.

[27] Ni J K, Liu L, Liu C X, et al. Fixed-time leader-following consensus for second-order multiagent systems with input delay[J]. IEEE Transactions on Industrial Electronics, 2017, 64(11): 8635-8646.

[28] Wen G X, Chen C L P, Liu Y J, et al. Neural network-based adaptive leader-following consensus control for a class of nonlinear multiagent state-delay systems[J]. IEEE Transactions on Cybernetics, 2017, 47(8): 2151-2160.

[29] Zhang Y Y, Li S. Second-order min-consensus on switching topology[J]. Automatica, 2018, 96: 293-297.

[30] Zhang Y Y, Li S, Liao L F. Consensus of high-order discrete-time multiagent systems with switching topology[J]. IEEE Transactions on Systems, Man, and Cybernetics: Systems, 2021, 51(2): 721-730.

[31] Sun Y G, Wang L, Xie G. Average consensus in networks of dynamic agents with switching topologies and multiple time-varying delays[J]. Systems & Control Letters, 2008, 57(2): 175-183.

[32] Jin L, Li S, La H M, et al. Dynamic task allocation in multi-robot coordination for moving target tracking: a distributed approach[J]. Automatica, 2019, 100: 75-81.

[33] Jin L, Li S. Distributed task allocation of multiple robots: a control perspective[J]. IEEE Transactions on Systems, Man, and Cybernetics: Systems, 2018, 48(5): 693-701.

[34] Li S, Zhou M C, Luo X, et al. Distributed winner-take-all in dynamic networks[J]. IEEE Transactions on Automatic Control, 2017, 62(2): 577-589.

[35] Yao K L, Wang J L, Xu Y H, et al. Self-organizing slot access for neighboring cooperation in UAV swarms[J]. IEEE Transactions on Wireless Communications, 2020, 19(4): 2800-2812.

[36] Zhang J Z, Jin L, Yang C G. Distributed cooperative kinematic control of multiple robotic manipulators with improved communication efficiency[J]. IEEE/ASME Transactions on Mechatronics, 2021, 27(1): 149-158.

[37] Li S, He J B, Li Y M, et al. Distributed recurrent neural networks for cooperative control of manipulators: a game-theoretic perspective[J]. IEEE Transactions on Neural Networks and Learning Systems, 2017, 28(2): 415-426.

[38] Zhang J Z, Jin L, Cheng L. RNN for perturbed manipulability optimization of manipulators based on a distributed scheme: a game-theoretic perspective[J]. IEEE Transactions on Neural Networks and Learning Systems, 2020, 31(12): 5116-5126.

[39] Rakshit S, Guha R K. Fair bandwidth sharing in distributed systems: a game-theoretic approach[J]. IEEE Transactions on Computers, 2005, 54(11): 1384-1393.

[40] Luo Y, Iyenhar G, Venkatasubramanian V. Social influence makes self-interested crowds smarter: an optimal control

perspective[J]. IEEE Transactions on Computational Social Systems, 2018, 5(1): 200-209.

[41] Stirling W C. Conditional coordination games on cyclic social influence networks[J]. IEEE Transactions on Computational Social Systems, 2019, 6(2): 250-267.

[42] 廖列法，李浩瀚，李帅，等. 结合 Winner-Take-All 的足球机器人控制策略研究[J]. 计算机工程与应用，2021，57（7）：136-143.

[43] Zheng F, Shao L. A winner-take-all strategy for improved object tracking[J]. IEEE Transactions on Image Processing, 2018, 27(9): 4302-4313.

[44] Osman H, Blostein S D. Probabilistic winner-take-all segmentation of images with application to ship detection[J]. IEEE Transactions on Systems, Man, and Cybernetics: Systems, 2000, 30(3): 485-490.

[45] Rahiminejad E, Saberi M, Lotfi R, et al. A low-voltage high-precision time-domain winner-take-all circuit[J]. IEEE Transactions on Circuits and Systems Ⅱ: Express Briefs, 2020, 67(1): 4-8.

[46] Xu Y L, Wu W C, Zhou J G. A distributed task allocation based on a winner-take-all approach for multiple energy storage systems coordination in a microgrid[J]. IEEE Transactions on Smart Grid, 2020, 11(1): 686-695.

[47] Yang Z G, Bi L Z, Chi W M, et al. Brain-controlled multi-robot at servo-control level based on nonlinear model predictive control[J]. Complex System Modeling and Simulation, 2022, 2(4):307-321.

[48] Yang Y G, Liao L F, Yang H, et al. An optimal control strategy for multi-UAVs target tracking and cooperative competition[J]. IEEE/CAA Journal of Automatica Sinica, 2021, 8(12):1931-1947.

[49] 郑维，张志明，刘和鑫，等. 基于线性变换的领导：跟随多智能体系统动态反馈均方一致性控制[J]. 自动化学报，2021，47：1-12.

[50] Mayya S, D'Antonio D S, Saldaña D, et al. Resilient task allocation in heterogeneous multirobot systems[J]. IEEE Robotics and Automation Letters, 2021, 6(2):1327-1334.

[51] Wang J, Wu Y X, Chen Y Q, et al. Multi-UAVs collaborative tracking of moving target with maximized visibility in urban environment[J]. Journal of the Franklin Institute, 2022, 359(11): 5512-5532.

[52] 刘磊，张浩翔，陈若妍，等. 鱼群涌现机制下集群机器人运动强化的迁移控制[J]. 控制与决策，2023，38（3）：621-630.

[53] Rezaee H, Abdollahi F. Discrete-time consensus strategy for a class of high-order linear multiagent systems under stochastic communication topologies[J]. Journal of the Franklin Institute, 2017, 354(9): 3690-3705.

[54] Yan D P, Cao H, Wang T, et al. Graph-based knowledge acquisition with convolutional networks for distribution network patrol robots[J]. IEEE Transactions on Artificial Intelligence, 2021, 2(5):384-393.

[55] Carnevale G, Camisa A, Notarstefano G. Distributed online aggregative optimization for dynamic multirobot coordination[J]. IEEE Transactions on Automatic Control, 2023,68(6):3736-3743.

[56] Yu X, Ma J, Ding N, et al. Cooperative target enclosing control of multiple mobile robots subject to input disturbances[J]. IEEE Transactions on Systems, Man, and Cybernetics: Systems, 2021, 51(6):3440-3449.

[57] Karakaya F, Dalgic T. Defensive marketing and market entry deterrence strategy framework in global markets[C]//American Marketing Association. Conference Proceedings. American Marketing Association, 1999, 10: 250.

[58] Menon V, Esposito M. The role of PFC networks in cognitive control and executive function[J]. Neuropsychopharmacology, 2022, 47(1): 90-103.

[59] Li F, Ding Y S, Zhou M C, et al. An affection-based dynamic leader selection model for formation control in

multirobot systems[J]. IEEE Transactions on Systems, Man, and Cybernetics: Systems, 2017, 47(7):1217-1228.

[60] Zlot R, Stentz A. Complex task allocation for multiple robots[C]//Proceedings of the 2005 IEEE International Conference on Robotics and Automation. Barcelona, 2005: 1515-1522.

[61] Ge X H, Han Q L, Wang J, et al. A scalable adaptive approach to multi-vehicle formation control with obstacle avoidance[J]. IEEE/CAA Journal of Automatica Sinica, 2022, 9(6):990-1004.

[62] Zhou Z Y, Liu J C, Yu J Z. A survey of underwater multi-robot systems[J]. IEEE/CAA Journal of Automatica Sinica, 2022, 9(1):1-18.

[63] Jin L, Liang S J, Luo X, et al. Distributed and time-delayed-winner-take-all network for competitive coordination of multiple robots[J]. IEEE Transactions on Cybernetics, 2023, 53(1):641-652.

[64] Qi Y M, Jin L, Luo X, et al. Robust $k$-WTA network generation, analysis, and applications to multiagent coordination[J]. IEEE Transactions on Cybernetics, 2022, 52(8): 8515-8527.

[65] Miao P, Shen Y J, Hou J S, et al. A recurrent neural network with a tunable activation function for solving $k$-winners-take-all[C]//Proceedings of the 33rd Chinese Control Conference. Nanjing, 2014: 4957-4962.

[66] Liu M, Zhang X Y, Shang M S. Gradient-based differential $k$WTA network with application to competitive coordination of multiple robots[J]. IEEE/CAA Journal of Automatica Sinica, 2022, 9(8):1452-1463.

[67] Zhang Y Y, Li S, Geng G G. Initialization-based $k$-winners-take-all neural network model using modified gradient descent[J]. IEEE Transactions on Neural Networks and Learning Systems, 2023, 34(8): 4130-4138.

[68] Lu W H, Leung C-S, Sum J, et al. DNN-$k$WTA with bounded random offset voltage drifts in threshold logic units[J]. IEEE Transactions on Neural Networks and Learning System, 2022, 33(7):3184-3192.

[69] Wan H, Wong K P, Chung C Y. Multi-agent application in protection coordination of power system with distributed generations[C]//2008 IEEE Power and Energy Society General Meeting-Conversion and Delivery of Electrical Energy in the 21st Century. Pittsburgh, 2008: 1-6.

[70] Zheng L, Huang P C, Mok A K, et al. On the feasibility of linear discrete-time systems of the green scheduling problem[C]//IEEE 32nd Real-Time Systems Symposium. Vienna, 2011: 295-304.

[71] Xiao L, Liao B, Jin J, et al. A finite time convergent dynamic system for solving online simultaneous linear equations[J]. International Journal of Computer Mathematics, 2017, 94(9):1778-1786.

[72] Zadeh L A. Fuzzy sets[J]. Information and Control, 1965, 8(3):338-353.

[73] Li G, Yu J P, Chen X K. Adaptive fuzzy neural network command filtered impedance control of constrained robotic manipulators with disturbance observer[J]. IEEE Transactions on Neural Networks and Learning Systems, 2023, 34(8): 5171-5180.

[74] Precup R, Tomescu M, Dragos C. Stabilization of rossler chaotic dynamical system using fuzzy logic control algorithm[J]. International Journal of General Systems, 2014, 43(5):413-433.

[75] Kharabian B, Mirinejad H. Synchronization of Rossler chaotic systems via hybrid adaptive backstepping/sliding mode control[J]. Results in Control and Optimization, 2021, 4: 100020.

[76] Dombi J, Hussain A. Data-driven interval type-2 fuzzy inference system based on the interval type-2 distending function[J]. IEEE Transactions on Fuzzy Systems, 2022: 3224793.

[77] Zheng Y H, Xu Z S, Wang X X. The fusion of deep learning and fuzzy systems: a state-of-the-art survey[J]. IEEE Transactions on Fuzzy Systems, 2022, 30(8):2783-2799.

[78] Fei J, Wang Z, Liang X, et al. Fractional sliding-mode control for microgyroscope based on multilayer recurrent fuzzy

neural network[J]. IEEE Transactions on Fuzzy Systems, 2021, 30(6): 1712-1721.

[79] Wang Y Y, Xie X P, Chadli M, et al. Sliding-mode control of fuzzy singularly perturbed descriptor systems[J]. IEEE Transactions on Fuzzy Systems, 2020, 29(8): 2349-2360.

[80] Wang F, Chen B, Liu X P, et al. Finite-time adaptive fuzzy tracking control design for nonlinear systems[J]. IEEE Transactions on Fuzzy Systems, 2018, 26(3):1207-1216.

[81] Sun Q Q, Yang G L, Wang X Y. Regulating constraint-following bound for fuzzy mechanical systems: indirect robust control and fuzzy optimal design[J]. IEEE Transactions on Cybernetics, 2022, 52(7):5868-5881.

[82] Zhang Z J, Yan Z Y. An adaptive fuzzy recurrent neural network for solving the nonrepetitive motion problem of redundant robot manipulators[J]. IEEE Transactions on Fuzzy Systems, 2019, 28(4): 684-691.

[83] Zhou Y, Liu H, Cao J D, et al. Composite learning fuzzy synchronization for incommensurate fractional-order chaotic systems with time-varying delays[J]. International Journal of Adaptive Control and Signal Processing, 2019, 33(12): 1739-1758.

[84] Zhang J Z, Jin L, Wang Y. Collaborative control for multi-manipulator systems with fuzzy neural networks[J]. IEEE Transactions on Fuzzy Systems, 2023, 31(4): 1305-1314.

[85] Hu Z S, Li K L, Li K Q, et al. Zeroing neural network with comprehensive performance and its applications to time-varying Lyapunov equation and perturbed robotic tracking[J]. Neurocomputing, 2020, 418: 79-90.

[86] Liu Y, Eckert C M, Earl C. A review of fuzzy AHP methods for decision-making with subjective judgements[J]. Expert Systems with Applications, 2020, 161: 113738.

[87] Stanimirović P S, Katsikis V N, Gerontitis D. A new varying-parameter design formula for solving time-varying problems[J]. Neural Processing Letters, 2021, 53(1): 107-129.

[88] Garud K S, Jayaraj S, Lee M Y. A review on modeling of solar photovoltaic systems using artificial neural networks, fuzzy logic, genetic algorithm and hybrid models[J]. International Journal of Energy Research, 2021, 45(1): 6-35.

[89] Cao B, Zhao J W, Lv Z H, et al. Multiobjective evolution of fuzzy rough neural network via distributed parallelism for stock prediction[J]. IEEE Transactions on Fuzzy Systems, 2020, 28(5): 939-952.

[90] Zhang Z J, Yan Z Y. A varying parameter recurrent neural network for solving nonrepetitive motion problems of redundant robot manipulators[J]. IEEE Transactions on Control Systems Technology, 2019, 27(6): 2680-2687.

[91] Mai T L, Wang Y N. Adaptive force/motion control system based on recurrent fuzzy wavelet CMAC neural networks for condenser cleaning crawler-type mobile manipulator robot[J]. IEEE Transactions on Control Systems Technology, 2014, 22(5):1973-1982.

[92] Bai X S, Yan W S, Ge S S. Distributed task assignment for multiple robots under limited communication range[J]. IEEE Transactions on Systems, Man, and Cybernetics: Systems, 2021, 52(7): 4259-4271.

[93] Li D H, Fan Q, Dai X F. Research status of multi-robot systems task allocation and uncertainty treatment[C]//Journal of Physics: Conference Series. 2017, 887(1): 012081.

[94] Gu S S, Wang J. A k-winners-take-all neural network based on linear programming formulation[C]//2007 International Joint Conference on Neural Networks. Orlando, 2007: 37-40.

[95] Liang S Q, Jin L. Distributed k-winner-take-all network under weight-unbalanced topology[J]. IEEE Transactions on Circuits and Systems Ⅱ: Express Briefs, 2024, 71(2):717-721.

[96] Ferreira L V, Kaszkurewicz E, Bhaya A. Synthesis of a k-winners-take-all neural network using linear programming with bounded variables[C]//Proceedings of the International Joint Conference on Neural Networks, 2003. Portland,

2003, 3: 2360-2365.

[97] Liu Q S, Zhao Y. A novel recurrent neural network with a continuous activation function for winner-take-all[C]//2013 4th International Conference on Intelligent Systems, Modelling and Simulation. Bangkok, 2013: 36-39.

[98] Liu S B, Wang J. A simplified dual neural network for quadratic programming with its k-WTA application[J]. IEEE Transactions on Neural Networks, 2006, 17(6): 1500-1510.

[99] Danciu D, Răsvan V. Gradient like behavior and high gain design of KWTA neural networks[C]//International Work-Conference on Artificial Neural Networks. Berlin, 2009: 24-32.

[100] Liu M, Shang M S. On RNN-Based $ k $-WTA models with time-dependent inputs[J]. IEEE/CAA Journal of Automatica Sinica, 2022, 9(11): 2034-2036.

[101] Rutishauser U, Douglas R J, Slotine J J. Collective stability of networks of winner-take-all circuits[J]. Neural Computation, 2011, 23(3): 735-773.

[102] Jadbabaie A, Lin J, Morse A S. Coordination of groups of mobile autonomous agents using nearest neighbor rules[J]. IEEE Transactions on Automatic Control, 2003, 48(6): 988-1001.

[103] Boyd S P, Vandenberghe L. Convex optimization[M]. Cambridge： Cambridge university press, 2004.

[104] Khalil H K. Nonlinear Systems[M]. Englewood Cliffs: Prentice-Hall, 2002.

[105] Xu B, Shou Y X, Luo J, et al. Neural learning control of strict-feedback systems using disturbance observer[J]. IEEE Transactions on Neural Networks and Learning Systems, 2019, 30(5): 1296-1307.

[106] Qi J J, Sun K, Wang J H, et al. Dynamic state estimation for multi-machine power system by unscented Kalman filter with enhanced numerical stability[J]. IEEE Transactions on Smart Grid, 2018, 9(2): 118-1196.

[107] Cilingiroglu U, Dake L E. Rank-order filter design with a sampled-analog multiple-winners-take-all core[J]. IEEE Journal of Solid-State Circuits, 2002, 37(8): 978-984.

[108] Marinov C A and Hopfield J J. Stable computational dynamics for a class of circuits with O(N) interconnections capable of KWTA and rank extractions[J]. IEEE Transactions on Circuits and Systems Ⅰ: Regular Papers, 2005, 52(5): 949-959.

[109] Lang J L, Zhang C L, Cui C G. Finite-Time distributed coordination and large-signal stabilization for energy storage system in DC microgrids[C]//2022 4th Asia Energy and Electrical Engineering Symposium (AEEES). Chengdu, 2022: 108-113.

[110] Riccio F, Borzi E, Gemignani G, et al. Multi-robot search for a moving target: integrating world modeling, task assignment and context[C]//2016 IEEE/RSJ International Conference on Intelligent Robots and Systems (IROS). Daejeon, 2016: 1879-1886.

[111] Ding X L. On dynamic distributed control and its application to multi-robot systems[C]//2017 36th Chinese Control Conference (CCC). Dalian, 2017: 8863-8868.

[112] Shi H R, Lu F X, Wu L, et al. Optimal trajectories of multi-UAVs with approaching formation for target tracking using improved Harris Hawks optimizer[J]. Applied Intelligence, 2022, 52(12): 14313-14335.

[113] Wang X H, Duan H B. Hierarchical visual attention model for saliency detection inspired by avian visual pathways[J]. IEEE/CAA Journal of Automatica Sinica, 2017, 6(2): 540-552.

[114] Tymoshchuk P V. A discrete-time dynamic *k*-winners-take-all neural circuit[J]. Neurocomputing, 2009, 72(13-15): 3191-3202.

[115] Marinov C A, Hopfield J J. Stable computational dynamics for a class of circuits with O (N) interconnections capable

of KWTA and rank extractions[J]. IEEE Transactions on Circuits and Systems Ⅰ: Regular Papers, 2005, 52(5): 949-959.

[116] Costea R L, Marinov C A. New accurate and flexible design procedure for a stable KWTA continuous time network[J]. IEEE Transactions on Neural Networks, 2011, 22(9): 1357-1367.

[117] Urahama K, Nagao T. K-winners-take-all circuit with O (N) complexity[J]. IEEE Transactions on Neural Networks, 1995, 6(3): 776-778.

[118] Liu Q S, Wang J. Two *k*-winners-take-all networks with discontinuous activation functions[J]. Neural Networks, 2008, 21(2-3): 406-413.

[119] Hu X L, Wang J. An improved dual neural network for solving a class of quadratic programming problems and its *k*-winners-take-all application[J]. IEEE Transactions on Neural Networks, 2008, 19(12): 2022-2031.

[120] Li S, Li Y M, Wang Z. A class of finite-time dual neural networks for solving quadratic programming problems and its *k*-winners-take-all application[J]. Neural Networks, 2013, 39: 27-39.

[121] Hu X L, Zhang B. A new recurrent neural network for solving convex quadratic programming problems with an application to the k-winners-take-all problem[J]. IEEE Transactions on Neural Networks, 2009, 20(4): 654-664.

[122] Liu Q S, Dang C Y, Cao J D. A novel recurrent neural network with one neuron and finite-time convergence for k-winners-take-all operation[J]. IEEE Transactions on Neural Networks, 2010, 21(7): 1140-1148.

[123] Gupta S, Vyas A, Trivedi G. FPGA implementation of simplified spiking neural network[C]//2020 27th IEEE International Conference on Electronics, Circuits and Systems (ICECS). Glasgow, 2020: 1-4.

[124] Liang S, Peng B, Stanimirović P S, et al. Design, analysis, and application of projected *k*-winner-take-all network[J]. Information Sciences, 2023, 621: 74-87.

[125] Sum J, Leung C S, Ho K I J. On Wang kWTA with input noise, output node stochastic, and recurrent state noise[J]. IEEE Transactions on Neural Networks and Learning Systems, 2017, 29(9): 4212-4222.

[126] Sum J, Leung C S, Ho K. Effect of input noise and output node stochastic on Wang's kWTA[J]. IEEE Transactions on Neural Networks and Learning Systems, 2013, 24(9): 1472-1478.

[127] Lu W H, Leung C, Sum J, et al. DNN-kWTA with bounded random offset voltage drifts in threshold logic units[J]. IEEE Transactions on Neural Networks and Learning Systems, 2021, 33(7): 3184-3192.

[128] Tymoshchuk P V. A model of analogue *k*-winners-take-all neural circuit[J]. Neural networks, 2013, 42: 44-61.

[129] Zhang Y Y, Li S, Geng G G. Initialization-based *k*-winners-take-all neural network model using modified gradient descent[J]. IEEE Transactions on Neural Networks and Learning Systems, 2023, 34(8): 4130-4138.

[130] Zhang Y Y, Li S, Xu B, et al. Analysis and design of a distributed *k*-winners-take-all model[J]. Automatica, 2020, 115: 108868.

[131] Chen M H, Sun J, Input-output finite-time reliable static output control of time-varying system with input delay[J]. IEEE Transactions on Systems, Man, and Cybernetics: Systems, 2021, 51(2): 1334-1344.

[132] Chen D X, Liu X L, Yu W W, et al. Neural-network based adaptive self-triggered consensus of nonlinear multi-agent systems with sensor saturation[J]. IEEE Transactions on Network Science and Engineering, 2021, 8(2): 1531-1541.

[133] Liu Q S, Yang S F, Wang J. A collective neurodynamic approach to distributed constrained optimization[J]. IEEE Transactions on Neural Networks and Learning Systems, 2016, 28(8): 1747-1758.

[134] Peng Z H, Wang J, Wang D, et al. An overview of recent advances in coordinated control of multiple autonomous

surface vehicles[J]. IEEE Transactions on Industrial Informatics, 2020, 17(2): 732-745.

[135] Shi M X, Chen X, Zhou J Y, et al. Distributed optimal control of energy storages in a DC microgrid with communication delay[J]. IEEE Transactions on Smart Grid, 2019, 11(3): 2033-2042.

[136] Zhang Y Y, Li S, Kadry S, et al. Recurrent neural network for kinematic control of redundant manipulators with periodic input disturbance and physical constraints[J]. IEEE transactions on cybernetics, 2018, 49(12): 4194-4205.

[137] Zhang Y, Li S, Zhou X F. Recurrent-neural-network-based velocity-level redundancy resolution for manipulators subject to a joint acceleration limit[J]. IEEE Transactions on Industrial Electronics, 2018, 66(5): 3573-3582.

[138] Godsil C, Royle G F. Algebraic graph theory[M]. Media： Springer Science & Business, 2001.

[139] Boyd S, Boyd S P, Vandenberghe L. Convex optimization[M]. London： Cambridge University Press, 2004.

[140] Gao X B. Exponential stability of globally projected dynamic systems[J]. IEEE Transactions on Neural Networks, 2003, 14(2): 426-431.

[141] Zhang Y Y, Li S, Gui J, et al. Velocity-level control with compliance to acceleration-level constraints: a novel scheme for manipulator redundancy resolution[J]. IEEE Transactions on Industrial Informatics, 2017, 14(3): 921-930.

[142] Dattorro J. Convex optimization & Euclidean distance geometry[M]. Palo Alto: Meboo Publishing, 2010.

[143] Li Z J, Zhao J. Adaptive consensus of non-strict feedback switched multi-agent systems with input saturations[J]. IEEE/CAA Journal of Automatica Sinica, 2021, 8(11): 1752-1761.

[144] Huang L, Zhou M C, Hao K, et al. A survey of multi-robot regular and adversarial patrolling[J]. IEEE/CAA Journal of Automatica Sinica, 2019, 6(4): 894-903.

[145] Dong Y C, Zhan M, Ding Z G, et al. Numerical interval opinion dynamics in social networks: stable state and consensus[J]. IEEE Transactions on Fuzzy Systems, 2019, 29(3): 584-598.

[146] Yang J F, Chen C M. A dynamic *k*-winners-take-all neural network[J]. IEEE Transactions on Systems, Man, and Cybernetics, Part B (Cybernetics), 1997, 27(3): 523-526.

[147] Lerman K, Jones C, Galstyan A, et al. Analysis of dynamic task allocation in multi-robot systems[J]. The International Journal of Robotics Research, 2006, 25(3): 225-241.

[148] Hu R K, Tan N, Ni F L. A new scheme for cooperative hunting tasks with multiple targets in dynamic environments[C]//2021 IEEE International Conference on Robotics and Biomimetics (ROBIO). IEEE, 2021: 1816-1822.

[149] Liu X Y, Huang Y, Zeng Z G, et al. Memristor-based HTM spatial pooler with on-device learning for pattern recognition[J]. IEEE Transactions on Systems, Man, and Cybernetics: Systems, 2020: 3035612.

[150] Xiao C, Zhong P L, Zheng C X. Enhancing adversarial defense by *k*-winners-take-all[C]//Proceedings of International Conference on Learning Representations (ICLR), 2020:arXiv: 1905.10510.

[151] Sánchez-Torres J D, Sanchez E N , Loukianov A G. Recurrent neural networks with fixed time convergence for linear and quadratic programming[C]//The 2013 International Joint Conference on Neural Networks (IJCNN). Dallas, 2013: 1-5.

[152] Sekerkiran B, Cilingiroglu U. A CMOS k-winners-take-all circuit with O (N) complexity[J]. IEEE Transactions on Circuits and Systems Ⅱ: Analog and Digital Signal Processing, 1999, 46(1): 1-5.

[153] Peng B, Jin L, Shang M S. Multi-robot competitive tracking based on k-WTA neural network with one single neuron[J]. Neurocomputing, 2021, 460: 1-8.

[154] Marinov C A, Hopfield J J. Stable computational dynamics for a class of circuits with O(N) interconnections capable

of $k$-WTA and rank extractions[J]. IEEE Transactions on Circuits Systems Ⅰ: Regular Papers, 2005, 52(5): 949-959.

[155] Tymoshchuk P, Kaszkurewicz E. A winner-take-all circuit using neural networks as building blocks[J]. Neurocomputing, 2009, 64: 375-396.

[156] Costea R L, Marinov C A. A consistent model for Lazzaro winner-take-all circuit with invariant subthreshold behavior[J]. IEEE Transactions on Neural Networks and Learning Systems, 2015, 27(11): 2375-2385.

[157] Lazzaro J, Ryckebusch S, Mahowald M A, et al. Winner-take-all networks of O (n) complexity[J]. Advances in neural information processing systems, 1988: 1.

[158] Choi J M, Kwon D W, Woo J J, et al. Implementation of an on-chip learning neural network IC using highly linear charge trap device[J]. IEEE Transactions on Circuits and Systems Ⅰ: Regular Papers, 2021, 68(7): 2863-2875.

[159] Su L, Chang C J, Lynch N. Spike-based winner-take-all computation: fundamental limits and order-optimal circuits[J]. Neural Computation, 2019, 31(12): 2523-2561.

[160] Lu W, Leung C S, Sum J, et al. DNN-WTA with bounded random offset voltage drifts in threshold logic units[J]. IEEE Transactions on Neural Networks and Learning Systems, 2022, 33(7): 3184-3192.

[161] Zhang Y Y, Li S, Weng J. Distributed $k$-winners-take-all network: an optimization perspective[J]. IEEE Transactions on Cybernetics, 2023, 53(8): 5069-5081.

[162] Majani E, Erlanson R, Abu-Mostafa Y S. On the $k$-winners-take-all network[J]. Advances in Neural Information Processing Systems I, D, 1989: 634-642.

[163] Calvert B D, Marinov C A. Another $k$-winner-take-all analog neural network[J]. IEEE Transactions on Neural Networks, 2000, 11(4): 829-838.

[164] Tymoshchuk P V. A fast analogue $k$-winners-take-all neural circuit[C]//The International Joint Conference on Neural Networks (IJCNN), Dallas, 2013: 1-8.

[165] Stroupe A W, Martin M C, Balch T. Distributed sensor fusion for object position estimation by multi-robot systems[C]//Proceedings of IEEE International Conference on Robotics and Automation. Seoul, 2001, 2: 1092-1098.

[166] Tymoshchuk P V. A simplified continuous-time model of analogue $k$-winners-take-all neural circuit[C]//2011 11th International Conference The Experience of Designing and Application of CAD Systems in Microelectronics (CADSM). Polyana, 2011: 121-125.

[167] Wang J S, Wang J. Two-timescale multilayer recurrent neural networks for nonlinear programming[J]. IEEE Transactions on Neural Networks Systems, 2022, 33(1): 37-47.

[168] Dattorro J. Euclidean distance geometry via convex optimization[M]. Palo Alto Stanford University, 2004.

[169] Zhang Y N, Chen K, Tan H Z. Performance analysis of gradient neural network exploited for online time-varying matrix inversion[J]. IEEE Transactions on Automatic Control, 2009, 54(8): 1940-1945.

[170] Helton J W, James M R. Extending $H^{\infty}$ control to nonlinear systems: control of nonlinear systems to achieve performance objectives[M]. Philadelphia Society for Industrial and Applied Mathematics, 1999.

[171] Guo J J, Zhang Y N. Stepsize interval confirmation of general four-step DTZN algorithm illustrated with future quadratic programming and tracking control of manipulators[J]. IEEE Transactions on Systems, Man, and Cybernetics: Systems, 2019, 51(3): 1662-1670.

[172] Bartoszewicz A, Leśniewski P. New switching and nonswitching type reaching laws for SMC of discrete time systems[J]. IEEE Transactions on Control Systems Technology, 2015, 24(2): 670-677.

[173] Yang M M, Zhou Y, Zhou Q, et al. Observation of Matthew effects in Sina Weibo microblogger[C]//Proceedings of

the IEEE International Conference on Big Data (Big Data), Santa Clara, 2013: 41-43.

[174] Chen G R, Yan P, Deng J L, et al. A designing method based on Matthew effects for logistics network[C]//Proceedings of the International Conference on Logistics Systems and Intelligent Management (ICLSIM), Harbin, 2010: 193-196.

[175] 赵立雨，闫嘉欢，杨可．政府科技投入对高校科研产出的“马太效应”及治理研究[J]．技术与创新管理，2021，42（6）：642-652．

[176] Merton R K. The Matthew effect in science: the reward and communication systems of science are considered[J]. Science, 1968, 159(3810):56-63.

[177] 李小霞．学生自主时间管理中的“马太效应”及其应对[J]．教学与管理，2021，844（15）：69-71．

[178] Farys R, Wolbring T. Matthew effects in science and the serial diffusion of ideas: Testing old ideas with new methods[J]. Quantitative Science Studies, 2021, 2(2): 505-526.

[179] Kümpel A S. The Matthew effect in social media news use: assessing inequalities in news exposure and news engagement on social network sites (SNS)[J]. Journalism, 2020, 21(8):1083-1098.

[180] 陈富良，郭建斌．数字经济反垄断规制变革：理论、实践与反思——经济与法律向度的分析[J]．理论探讨，2020，217（6）：5-13．

[181] Xue X, Chen F Y, Zhou D Y, et al. Computational experiments for complex social systems—Part Ⅰ: The customization of computational model[J]. IEEE Transactions on Computational Social Systems, 2022, 9(5): 1330-1344.

[182] 王修华，赵亚雄．数字金融发展是否存在马太效应？——贫困户与非贫困户的经验比较[J]．金融研究，2020，487（7）：114-133．

[183] Zhang W S, Hou Z X, Wang X, et al. Parallel-data-based social evolution modeling[J]. Tsinghua Science and Technology, 2021, 26(6): 878-885.

[184] Yan Z, Chung S F, Wang J. Model predictive control of autonomous underwater vehicles based on the simplified dual neural network[C]//2012 IEEE International Conference on Systems, Man, and Cybernetics (SMC). Seoul, 2012: 2551-2556.

[185] Freeman R A, Yang P, Lynch K M. Stability and convergence properties of dynamic average consensus estimators[C]//Proceedings of the 45th IEEE Conference on Decision and Control (CDC), San Diego, 2006: 338-343.

[186] Perry B L, Aronson B, Pescosolido B A. Pandemic precarity: COVID-19 is exposing and exacerbating inequalities in the American heartland[J]. Proceedings of the National Academy of Sciences, 2021, 118(8): 1-6.

[187] 刘涛，陈忠，陈晓荣．复杂网络理论及其应用研究概述[J]．系统工程，2005（6）：1-7．

[188] Epstein J M, Axtell R. Growing artificial societies: Social science from the bottom up[M]. Washington: Brookings Institution Press, 1996.

[189] Ye P J, Wang X. Population synthesis using discrete copulas[C]//Proceedings of the 21st International Conference on Intelligent Transportation Systems (ITSC), Maui, 2018: 479-484.

[190] Bliman P A, Ferrari-Trecate G. Average consensus problems in networks of agents with delayed communications[J]. Automatica, 2008, 44(8): 1985-1995.

[191] Ye P J, Chen Y Y, Zhu F H, et al. Bridging the micro and macro: calibration of agent-based model using mean-field dynamics[J]. IEEE Transactions on Cybernetics, 2022, 52(11): 11397-11406.

[192] Cheng Z H, Yue D, Hu S L, et al. Distributed event-triggered consensus of multi-agent systems under periodic DoS jamming attacks[J]. Neurocomputing, 2020, 400: 458-466.

[193] 范如国．复杂网络结构范型下的社会治理协同创新[J]．中国社会科学，2014（4）：98-120.

[194] Olfati-Saber R, Murray R. Consensus problems in networks of agents with switching topology and time-delays[J]. IEEE Transactions on Automatic Control, 2004, 49(9): 1520-1533.

[195] Liu C L, Shan L, Chen Y Y, et al. Average-consensus filter of first-order multi-agent systems with disturbances[J]. IEEE Transactions on Circuits and Systems Ⅱ: Express Briefs, 2018, 65(11): 1763-1767.

[196] Liu X D, Deng F Q, Wei W, et al. Formation tracking control of networked systems with timevarying delays and sampling under fixed and Markovian switching topology[J]. IEEE Transactions on Control of Network Systems, 2022, 9(2): 601-612.

[197] Mesbahi M, Egerstedt M. Graph theoretic methods in multiagent networks[M]. Princeton: Princeton University Press, 2010.

[198] Ye P J, Wang T, Wang F Y. A survey of cognitive architectures in the past 20 years[J]. IEEE Transactions on Cybernetics, 2018, 48(12): 3280-3290.

[199] Yu W W, Chen G R, Cao M. Some necessary and sufficient conditions for second-order consensus in multi-agent dynamical systems[J]. Automatica, 2010, 46(6): 1089-1095.

[200] Zhang J Y, Wei L, Liu M, et al. A competition model for modeling and describing Matthew effect in computational social systems[C]//Proceedings of the 11th International Conference on Intelligent Control and Information Processing (ICICIP), Dali, 2021: 438-443.

[201] Jia Q, Han Z Y, Tang W K S. Synchronization of multi-agent systems with time-varying control and delayed communications[J]. IEEE Transactions on Circuits and Systems Ⅰ: Regular Papers, 2019, 66(11): 4429-4438.

[202] Parsegov S E, Proskurnikov A V, Tempo R, et al. Novel multidimensional models of opinion dynamics in social networks[J]. IEEE Transactions on Automatic Control, 2017, 62(5): 2270-2285.

[203] Wang L, Xi J X, Hou B, et al. Limited-budget consensus design and analysis for multiagent systems with switching topologies and intermittent communications[J]. IEEE/CAA Journal of Automatica Sinica, 2021, 8(10): 1724-1736.

[204] Wang S M, Huang J. Cooperative output regulation of singular multi-agent systems under switching network by standard reduction[J]. IEEE Transactions on Circuits and Systems Ⅰ: Regular Papers, 2018, 65(4): 1377-1385.

[205] Wang X, Yang G H. Fault-tolerant consensus tracking control for linear multiagent systems under switching directed network[J]. IEEE Transactions on Cybernetics, 2020, 50(5): 1921-1930.

[206] Cappello D, Mylvaganam T. Distributed differential games for control of multi-agent systems[J]. IEEE Transactions on Control of Network Systems, 2022, 9(2): 635-646.